彩图1　秋播大蒜套种春玉米

彩图2　大蒜二次生长的植株

彩图3　发生二次生长的蒜头

彩图4　正常大蒜（左）与面包蒜（右）

彩图5　面包蒜纵切面

彩图6　受酸害的大蒜鳞茎横切面

彩图7　大蒜灰霉病叶部感病症状

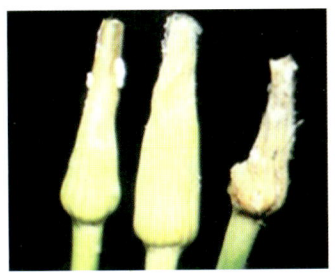
彩图8　大蒜灰霉病蒜薹感病症状

彩图 9　大蒜疫病感病症状

彩图 10　大蒜疫病病叶

彩图 11　大蒜干腐病病株

彩图 12　大蒜干腐病蒜头

彩图 13　大蒜紫斑病病株

彩图 14　大蒜紫斑病病叶

彩图 15　大蒜叶枯病病叶

彩图 16　大蒜叶斑病发病症状

彩图17　大蒜锈病叶片

彩图18　大蒜白腐病病株

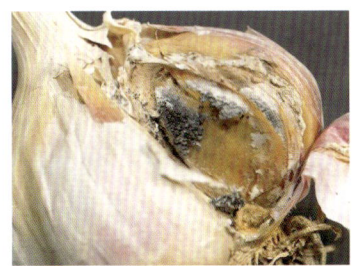
彩图19　储藏期间感染白腐的蒜头

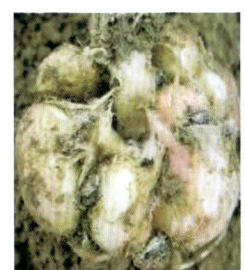
彩图20　大蒜菌核病

彩图21　大蒜细菌性软腐病发生地块

彩图22　叶片出现黄色条纹

彩图23　大蒜苗期花叶病症状

彩图24　大蒜薹苞感染病毒的症状

彩图 25　大蒜蒜薹感染病毒的症状

彩图 26　蒜蛆

彩图 27　蓟马危害大蒜叶片症状

彩图 28　利用黄板诱杀蚜虫

彩图 29　蛴螬

彩图 30　发酵黑大蒜

大蒜高效栽培

主　编　刘冰江

参　编　张海燕　孔素萍

机械工业出版社

本书是由长期从事大蒜栽培与育种科研工作的专业技术人员搜集全国各地大蒜高效栽培管理的先进技术，并结合多年的工作经验和生产实际编写的。其主要内容包括概述、大蒜高效栽培的生物学基础、大蒜的品种选择与特点、大蒜高效栽培管理技术、蒜苗与蒜黄高效栽培技术、大蒜轮作与间套作栽培技术、大蒜栽培中存在的异常现象及解决途径、大蒜病虫草害诊断与防治技术、大蒜储藏保鲜与加工技术等。书中设有"提示""注意"等小栏目，并附有大蒜高效栽培实例，可以帮助种植户更好地掌握大蒜栽培技术要点。

本书可作为大蒜种植户、基层技术人员的参考用书，也可作为农业科研院所研究人员及农业院校相关专业师生的参考读物。

图书在版编目（CIP）数据

大蒜高效栽培/刘冰江主编. —北京：机械工业出版社，2014.10
（2025.7 重印）
（高效种植致富直通车）
ISBN 978-7-111-47685-6

Ⅰ. ①大… Ⅱ. ①刘… Ⅲ. ①大蒜-蔬菜园艺 Ⅳ. ①S633.4

中国版本图书馆 CIP 数据核字（2014）第 188719 号

机械工业出版社（北京市百万庄大街 22 号　邮政编码 100037）
总 策 划：李俊玲　张敬柱　　　策划编辑：高　伟　郎　峰
责任编辑：高　伟　郎　峰　李俊慧　版式设计：赵颖喆
责任校对：王　欣　　　　　　　责任印制：单爱军
保定市中画美凯印刷有限公司印刷
2025 年 7 月第 1 版第 11 次印刷
140mm×203mm・5.75 印张・2 插页・145 千字
标准书号：ISBN 978-7-111-47685-6
定价：25.00 元

凡购本书，如有缺页、倒页、脱页，由本社发行部调换

电话服务　　　　　　　　　　　网络服务
服务咨询热线：010-88361066　　机 工 官 网：www.cmpbook.com
读者购书热线：010-68326294　　机 工 官 博：weibo.com/cmp1952
　　　　　　　　　　　　　　　　金 书 网：www.golden-book.com
封面无防伪标均为盗版　　　　教育服务网：www.cmpedu.com

高效种植致富直通车
编审委员会

主　　任　沈火林
副 主 任　杨洪强　杨　莉　周广芳　党永华
委　　员（按姓氏笔画排序）

王天元	王国东	牛贞福	田丽丽	刘冰江	刘淑芳
孙瑞红	杜玉虎	李金堂	李俊玲	杨　雷	沈雪峰
张　琼	张力飞	张丽莉	张俊佩	张敬柱	陈　勇
陈　哲	陈宗刚	范　昆	范伟国	郑玉艳	单守明
贺超兴	胡想顺	夏国京	高照全	曹小平	董　民
景炜明	路　河	翟秋喜	魏　珉	魏丽红	魏峭嵘

秘 书 长　苗锦山
秘　　书　高　伟　郎　峰

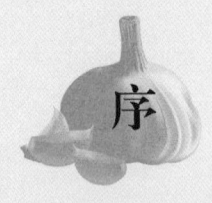

序

　　园艺产业包括蔬菜、果树、花卉和茶等，经多年发展，园艺产业已经成为我国很多地区的农业支柱产业，形成了具有地方特色的果蔬优势产区，园艺种植的发展为农民增收致富和"三农"问题的解决做出了重要贡献。园艺产业基本属于高投入、高产出、技术含量相对较高的产业，农民在实际生产中经常在新品种引进和选择、设施建设、栽培和管理、病虫害防治及产品市场发展趋势预测等诸多方面存在困惑。要实现园艺生产的高产高效，并尽可能地减少农药、化肥施用量以保障产品食用安全和生产环境的健康离不开科技的支撑。

　　根据目前农村果蔬产业的生产现状和实际需求，机械工业出版社坚持高起点、高质量、高标准的原则，组织全国20多家农业科研院所中理论和实践经验丰富的教师、科研人员及一线技术人员编写了"高效种植致富直通车"丛书。该丛书以蔬菜、果树的高效种植为基本点，全面介绍了主要果蔬的高效栽培技术、棚室果蔬高效栽培技术和病虫害诊断与防治技术、果树整形修剪技术、农村经济作物栽培技术等，基本涵盖了主要的果蔬作物类型，内容全面，突出实用性、可操作性、指导性强。

　　整套图书力避大段晦涩文字的说教，编写形式新颖，采取图、表、文结合的方式，穿插重点、难点、窍门或提示等小栏目。此外，为提高技术的可借鉴性，书中配有果蔬优势产区种植能手的实例介绍，以便于种植者之间的交流和学习。

　　丛书针对性强，适合农村种植业者、农业技术人员和院校相关专业师生阅读参考。希望本套丛书能为农村果蔬产业科技进步和产业发展做出贡献，同时也恳请读者对书中的不当和错误之处提出宝贵意见，以便补正。

中国农业大学农学与生物技术学院
2014年5月

前　言

大蒜（*Allium sativum* L.）又名胡蒜，是百合科葱属植物，起源于中亚地区，迄今已有5000多年的栽培历史。大蒜营养丰富，风味独特，用途广泛，具有杀菌、抑菌、抗病毒等医疗和保健功能。我国大蒜产业在增加产品供给、提高产值贡献、吸纳农村劳动力、增加外汇收入和农民收入方面发挥着重要作用。近几年来，我国大蒜种植业和出口贸易发展十分迅速，年出口量连创历史新高，出口遍及世界158个国家和地区，已连续多年居我国农产品出口第一位。

由于国内大蒜产区较多，各地的生态环境、生产条件及种植传统有差异，发展水平也不均衡。一些地区存在种植品种退化、更新缓慢、栽培管理技术落后等问题，造成大蒜产量降低、品质变劣、商品性不佳等，影响了销售和出口，极大地挫伤了蒜农的生产积极性。鉴于上述情形，编者组织长期从事大蒜栽培与育种科研工作的专业技术人员搜集了全国各地大蒜高效栽培管理的先进技术，并结合多年的工作经验和生产实际，编写了本书。旨在通过本书进一步提高大蒜高效栽培管理技术水平，普及推广大蒜栽培新技术，帮助广大种植者和技术人员解决一些生产上的实际问题。

需要特别说明的是，本书所用药物及其使用剂量仅供读者参考，不可照搬。在生产实际中，所用药物学名、常用名和实际商品名称有差异，药物浓度也有所不同，建议读者在使用每一种药物之前，参阅厂家提供的产品说明以确认药物用量、用药方法、用药时间及禁忌等。

在本书编写过程中，编者查阅、借鉴了大量的相关资料，在此一并向原作者表示衷心感谢！

由于编者水平有限，书中存在的不足和错漏之处在所难免，敬请广大读者不吝批评指正。

编　者

目 录

序

前言

第一章 概述
一、大蒜的起源与栽培历史 … 1
二、大蒜的营养与医疗保健价值 …………… 2
三、我国大蒜的栽培现状与发展前景 …………… 5

第二章 大蒜高效栽培的生物学基础

第一节 大蒜的植物学特性 …………… 8
一、根 …………………… 8
二、茎 …………………… 10
三、叶 …………………… 10
四、鳞茎（蒜头） ……… 11
五、花茎 ………………… 12

第二节 大蒜的生长发育过程 …………… 13
一、萌芽（出土）期 …… 14
二、幼苗期 ……………… 15
三、鳞芽、花芽分化期 … 15
四、蒜薹（花茎）伸长期 ………………… 16
五、鳞茎膨大期 ………… 16
六、生理休眠期 ………… 17

第三节 大蒜对生存环境条件的要求 ………………… 18
一、温度 ………………… 18
二、光照 ………………… 18
三、水分 ………………… 19
四、土壤及营养条件 …… 20
五、气体条件 …………… 20

第四节 大蒜的产量形成 …… 21
一、栽培密度与产量的关系 …………………… 21
二、单株瓣数与产量的关系 …………………… 22
三、播种期与产量的关系 …………………… 22

第三章 大蒜的品种选择与特点

第一节 大蒜品种的分类 …… 23
一、系统分类法 ………… 23

二、生态分类法 ……………… 23
　三、传统分类法 ……………… 25
第二节　大蒜主要优良
　　　　品种 ………………… 28
　一、名优地方品种 …………… 29
　二、选育的优良品种 ………… 44
第三节　大蒜优良品种选用原则
　　　　与布局安排 ………… 46
　一、优良品种的选用
　　　原则 ………………………… 46
　二、品种布局安排 …………… 48

第四章　大蒜高效栽培管理技术

第一节　大蒜栽培季节与茬口
　　　　安排 ………………… 50
　一、栽培季节与播种
　　　时期 ……………………… 50
　二、大蒜的茬口安排 ………… 54
第二节　蒜种选择与处理
　　　　技术 ………………… 55
　一、大蒜品种选择 …………… 55
　二、蒜种的质量要求 ………… 55
　三、播种前的蒜种处理 ……… 56
第三节　土壤选择与整地
　　　　技术 ………………… 57
　一、土壤选择 ………………… 57
　二、整地、作畦与基肥
　　　施用 ……………………… 57
　三、播种方法 ………………… 59
　四、大蒜播种密度的确定 …… 62
第四节　大蒜田间高效栽培
　　　　管理技术 …………… 63
　一、萌芽（出苗）期管理 …… 63
　二、大蒜幼苗期的田间
　　　管理 ……………………… 64
　三、大蒜鳞芽和花芽分化期
　　　的田间管理 ……………… 65
　四、大蒜花茎伸长期的
　　　田间管理 ………………… 65
　五、大蒜鳞茎膨大期的
　　　田间管理 ………………… 66
第五节　大蒜地膜覆盖栽培
　　　　管理技术 …………… 67
　一、大蒜地膜覆盖栽培
　　　的优点 …………………… 67
　二、地膜覆盖的方法 ………… 68
　三、栽培管理要点 …………… 68
第六节　大蒜收获与采后
　　　　处理技术 …………… 71
　一、蒜薹收获与采后
　　　处理技术 ………………… 71
　二、蒜头收获和收后
　　　处理 ……………………… 73

第五章　蒜苗与蒜黄高效栽培技术

第一节　青蒜（蒜苗）高效
　　　　栽培技术 …………… 75
　一、青蒜（蒜苗）露地
　　　高效栽培技术 …………… 75

二、青蒜（蒜苗）设施
　　　　高效栽培技术 …………… 80
第二节　蒜黄高效栽培技术 …… 83
　　一、品种的选择 …………… 83
　　二、蒜种处理方法 ………… 83
　　三、栽培方式及其栽培
　　　　关键技术 ………………… 84

第六章　大蒜轮作与间套作栽培技术

第一节　大蒜轮作 ……………… 88
　　一、秋播大蒜轮作方式 …… 88
　　二、大蒜春播地区轮作方式 … 89
第二节　间作套种 ……………… 89

第七章　大蒜栽培中存在的异常现象及解决途径

第一节　大蒜二次生长 ……… 101
　　一、大蒜二次生长的概念
　　　　与分类 ………………… 101
　　二、大蒜二次生长的产生
　　　　原因 …………………… 102
　　三、防止大蒜二次生长的
　　　　途径 …………………… 107
第二节　面包蒜 ……………… 109
　　一、"面包蒜"的类型 …… 109
　　二、"面包蒜"的产生
　　　　原因 …………………… 110
　　三、防止"面包蒜"的
　　　　途径 …………………… 112
第三节　抽薹不良 …………… 112
　　一、抽薹不良的产生
　　　　原因 …………………… 112
　　二、防止抽薹不良的
　　　　途径 …………………… 113
第四节　裂头散瓣 …………… 113
　　一、裂头散瓣现象 ……… 113
　　二、裂头散瓣的产生
　　　　原因 …………………… 114
　　三、防止裂头散瓣的
　　　　途径 …………………… 114
第五节　叶尖干枯 …………… 115
　　一、叶尖干枯的产生
　　　　原因 …………………… 115
　　二、防止叶尖干枯的
　　　　途径 …………………… 117
第六节　管状叶 ……………… 117
　　一、管状叶的发生特征 … 117
　　二、管状叶的产生原因 … 118
　　三、防止管状叶的
　　　　途径 …………………… 118
第七节　瘫苗 ………………… 119
　　一、瘫苗的产生原因 …… 119
　　二、防止瘫苗的途径 …… 119
第八节　其他生长中的异常
　　　　现象 …………………… 119
　　一、开花蒜 ……………… 119
　　二、棉花蒜 ……………… 120
　　三、变色蒜 ……………… 120

第八章　大蒜病虫草害诊断与防治技术

- 第一节　主要生理性病害诊断与防治技术 …… 121
- 第二节　主要侵染性病害及其综合防治 …… 123
  - 一、真菌性病害 …… 123
  - 二、大蒜细菌性病害 …… 133
  - 三、大蒜病毒病 …… 135
- 第三节　主要虫害及其综合防治 …… 136
- 第四节　主要草害及其综合防治 …… 143

第九章　大蒜储藏保鲜与加工技术

- 第一节　大蒜储藏保鲜技术 …… 146
  - 一、蒜头储藏 …… 146
  - 二、蒜薹储藏 …… 153
- 第二节　大蒜传统产品加工技术 …… 155
  - 一、蒜头加工产品 …… 155
  - 二、蒜薹加工产品 …… 159
- 第三节　大蒜深加工产品及其工艺简介 …… 159

第十章　大蒜高效栽培实例

- 实例1　山东金乡大蒜高效栽培实例 …… 162
- 实例2　山东苍山大蒜高效栽培实例 …… 164
- 实例3　四川彭州大蒜高效栽培实例 …… 168

附录　常见计量单位名称与符号对照表

参考文献

第一章 概　述

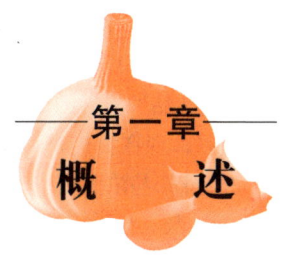

一、大蒜的起源与栽培历史

大蒜（*Allium sativum* L.）为百合科（Liliacaea）葱属（*Allium*）植物，在正常的生长环境条件下一般不开花结籽，主要依靠鳞茎进行无性繁殖。大蒜又名胡蒜，迄今已有5000多年的栽培历史。大多数学者认为大蒜起源于中亚（包括印度西北部、阿富汗、塔吉克斯坦和乌兹别克斯坦及天山西部）。大蒜最早在古埃及、古罗马和古希腊等地中海沿岸国家栽培，开始只是用于预防瘟疫和治病，后来逐渐作为食用。汉代张骞出使西域，通过"丝绸之路"将大蒜引入陕西关中地区，之后在我国大面积栽培。因其来自西域故名胡蒜，由于胡蒜比我国的野生蒜头大，故又称"大蒜"。大蒜于9世纪时传入日本，16世纪前叶扩展到非洲和南美洲，18世纪后期在北美洲开始栽培，现已经遍及世界各地。

蒜在我国历史上有大、小蒜之分。《说文解字》中有讲"蒜，荤菜也"，没有论及大、小蒜的问题。《齐民要术·种蒜第十九》中也记载"蒜，有胡蒜、小蒜"，但大、小蒜的区别没有得到解决。《本草纲目》对此作了全面的补正：小蒜"中国初唯有此，后因汉人得胡蒜于西域，遂呼此为小蒜以别之""家蒜有二种：根茎俱小而瓣少，辣甚者，蒜也，小蒜也；根茎俱大而瓣多，辛而带甘者，葫也，大蒜也""小蒜之种，自蒚移栽，从古自有""大蒜之种，自胡地移来，至汉始有"。这几段论述，使我们明确了以下3个方面的问题。

① 明确了大、小蒜的产地来源。即小蒜是原产于我国的大蒜。

其间的关键是"自蒚移栽"。关于"蒚"字，《辞海》中有注为"蒚，山蒜，蒜之生于山者名蒚"，此外还有泽蒜、石蒜等称谓。蒚是野生于山地的大蒜的古称，至于大蒜也叫胡蒜，"张骞使西域，始得大蒜、胡荽"，是从我国西北边陲甚至更远的地方引进的。

② 明确了大、小蒜的鳞茎及品种特性的区别，"小蒜虽出于蒚，既经人力栽培，则性气不能不移"，现在我们常见的紫皮蒜、白皮蒜仍保留了大、小蒜的区别，紫皮蒜辣味甚浓而白皮蒜辣味略逊可为佐证。

③ 小蒜在我国栽培的历史长，而大蒜的栽培历史则相对短一些，只不过张骞引进的大蒜由于瓣大味辛甘的特性优于原产于我国的小蒜，因而发展比较迅速。我们所栽培食用的大蒜都源于这两种。

20世纪50年代我国从前苏联和欧洲引入一批大蒜品系，其中前苏联红皮蒜是我国栽培最为广泛的品种之一。20世纪80年代后从澳大利亚、美洲、欧洲和亚洲的日本、韩国、泰国等地也引进了大量新品系、新种质，经筛选、淘汰、驯化，一些品种已在我国部分大蒜产区种植。

二 大蒜的营养与医疗保健价值

1. 大蒜的营养价值

大蒜的营养价值十分丰富。据测定大蒜的新鲜鳞茎每100g中含水分58.58g，蛋白质6.36g，脂肪0.5g，碳水化合物33.06g，钙181mg，磷153mg，铁1.70mg，维生素C 31.2mg。此外，还含有维生素B_1、核黄素、烟酸、蒜素、柠檬醛及硒和锗等微量元素。大蒜中含有17种氨基酸，其中8种为人体必需氨基酸，尤以精氨酸含量最高，占氨基酸总量的20.4%，其次是谷氨酸，占氨基酸总量的19.75%。关于大蒜的营养成分及其含量见表1-1。

表1-1　100g大蒜（蒜头）的主要营养成分表

成分名称	含量	成分名称	含量	成分名称	含量
水分	58.58g	能量	149.0kcal	蛋白质	6.36g
脂肪	0.50g	碳水化合物	33.06g	膳食纤维	2.1g
总糖	1.0g	磷	153.0mg	钾	401mg
钠	17.0mg	镁	25.0mg	铁	1.70mg

(续)

成分名称	含量	成分名称	含量	成分名称	含量
锌	1.16mg	硒	3.09μg	钙	181.0mg
维生素A	9.0国际单位	维生素K	1.7μg	烟酸	0.70mg
维生素B_1	0.20mg	核黄素	0.11mg	维生素B_6	1.24mg
维生素C	31.2mg	维生素E	0.08mg	叶酸	3.0μg
不饱和脂肪酸	0.26g	咖啡因	0	胆固醇	0

注：本表数据来源于美国农业部营养数据库。

据研究，新鲜蒜头中微量元素硒的含量在蔬菜中是最高的，达到0.0309μg/g，一般蔬菜的含硒量仅为0.01μg/g。硒是人体必需的微量元素，并具有抗氧化功能，被认为有防癌作用。大蒜中锗的含量为0.734mg/g，在植物中锗的含量也是比较高的。

大蒜含有0.2%的挥发油，内含蒜氨酸。蒜氨酸没有挥发性，也没有臭味，只有在切蒜时蒜氨酸在蒜酶的作用下才分解成有臭味的蒜辣素（大蒜素）。大蒜的独特辛辣气味可以解除鱼、肉的腥味，增进食欲，是膳食烹调中不可缺少的调味品。有些菜肴的烹调更是不加蒜就味不正，如烧茄子、炒苋菜、炒菜豆、凉拌菜、麻辣豆腐、鱼香肉丝、炒猪肝、糖醋排骨、红烧鱼等。北京的灌肠，陕西的酿皮、凉粉、豆腐脑，不调上蒜汁就没有什么味道。陕西的涮羊肉、羊肉泡馍离不开糖蒜。南方人一般不爱吃生蒜，但在炒青菜时必须用蒜，大蒜烧排骨更是别有风味。

2. 大蒜的医疗与保健价值

大蒜自古就被当作天然杀菌剂，有"天然抗生素"之称。它没有任何副作用，是人体循环及神经系统的天然强健剂。数千年来，中国、埃及、印度等国将大蒜既作为食物也作为传统药物应用。在美国，大蒜素制剂已排在人参、银杏等保健药物中的首位，它的保健功能可谓妇孺皆知。大蒜含有含硫化合物、氨基酸、糖类、甙类、维生素、肽类、蛋白质、酶类、脂肪及无机盐等多种成分，具有防癌抗癌、消炎、杀菌、抗病毒、抗凝血、降血脂、降胆固醇、预防动脉硬化等多重功效，已被载入美国药典（USP36-NF31，2013）、

欧洲药典（EP8，2013）及中国药典（2010，第一部）。

大蒜素被誉为天然广谱抗生素药物，能抑制多种细菌，在降低心血管疾病的风险上，大蒜一直扮演着非常重要的角色。许多研究表明，大蒜对防治心脑血管疾病有较好疗效，其药理与大蒜能够使血脂水平正常化、增进血内纤维蛋白的活性、抑制血小板聚合、降低血压与血糖、防血栓形成、清除氧自由基、抗缺血再灌注损伤、细胞保护、钙拮抗、扩管降压等作用有关。大蒜及其提取物对造成动脉粥样硬化的多种危险因子均有良性影响。

一些研究证实了大蒜及其提取物对糖尿病动物的血糖也有降低作用。通过观察大蒜对正常人葡萄糖耐量的影响，发现大蒜有降低血糖的作用，其机理可能是大蒜能促进胰岛素的合成，增加组织细胞对葡萄糖的吸收利用。

大蒜中富含的硒可以降低某些有毒元素及物质的毒性，如抵抗和减低汞、镉、铊、砷等。大蒜能治疗人体铅中毒，对镉染毒大鼠有解毒作用，并比某些传统解毒剂更有效。大蒜还对铅、汞染毒大鼠有解毒作用，对甲基汞染毒小鼠具有一定的预防作用。

大蒜能激活人体巨噬细胞功能，提高机体免疫力。现代医学研究认为，大蒜含有硒元素，而硒是谷胱甘肽过氧化物酶的主要组成成分，其抗氧化能力比维生素E高500倍。同时，大蒜所含的有效成分可增加物质代谢、能量转换，并能促进血液循环，改善体质。

另外，将大蒜用于畜牧和水产养殖饲料添加剂可以部分替代抗生素从而减少微生物产生的抗药性，对畜禽及鱼类的健康产生有益的影响，在饲料中添加大蒜素可作为解决抗生素问题的一条途径。

大蒜素可以改善饲料的适口性。近几年来许多养殖户为了降低饲料成本，在配合饲料中经常使用一些适口性较差的饲料或添加一些促生长剂类药物，但会引起养殖动物采食量下降或拒食，造成动物生长缓慢、瘦弱。而通过添加大蒜素可明显改善饲料的适口性、提高动物采食量。大蒜素通过气味吸引动物对饲料的食用，使之产生食欲，从而提高采食量。绝大多数动物，特别是鱼类都非常喜欢大蒜素的气味。

大蒜素不仅能增加动物的采食量，而且能防治多种疾病，提高免疫机能，改善动物体内各系统组织的功能，促进胃肠的蠕动和各种消化酶的分泌，提高畜禽及鱼类对饲料的消化利用，从而使生产性能提高，降低饲料成本。大蒜素在酶的作用下可变成大蒜辣素，以粪尿的形式排出，并能够阻止养殖中害虫的繁殖和生长，改善圈舍和池塘环境。

因此，大蒜是国内外医药保健品、食品加工及农业等领域的研究热点，有着很大的需求前景和研究价值。

三 我国大蒜的栽培现状与发展前景

1. 我国大蒜的栽培现状

我国是世界上大蒜的主要生产国和主要出口贸易国之一。我国地跨热带、亚热带和北温带，海拔差异大，生态环境复杂，形成了大蒜种质的多样性。据联合国粮食及农业组织统计，2011年我国大蒜栽培面积为83.34万公顷，约占亚洲大蒜栽培面积的68.99%，占世界大蒜栽培面积的58.73%；我国大蒜总产量为1922.00万吨，分别占亚洲和世界大蒜总产量的88.56%、81.02%。因此我国是世界上大蒜栽培面积最大，产量最多的国家。

目前我国形成一定规模的大蒜产区在全国有近70个，多集中在山东、河南、江苏及河北等地，其中位于山东鲁西南平原的金乡县是全国最大的大蒜生产县，种植面积近4万公顷。以金乡为中心，辐射成武、巨野、定陶、单县、嘉祥、鱼台、微山等周边地区，形成了我国最大的大蒜产区，种植面积在7万公顷以上。此外，山东的苍山、莱芜、商河、广饶、平度、聊城、曲阜等地种植面积也均在0.67万公顷以上。河南省是我国第二大蒜生产地区，豫东平原杞县种有大蒜3万公顷，种植面积仅次于金乡县；中牟县有2万公顷，宜阳、通许、临颖等地也有规模种植。江苏徐州的丰县、邳州种植面积为2.5万公顷，射阳县常年种植面积达1.2万公顷以上，大丰县近0.8万公顷，此外还有太仓、宝应等产区。河北省永年，安徽亳州、怀远、来安，陕西省武功、兴平、耀县、洋县，广西桂林全州县，云南大理市，四川温江，湖北枝江、当阳，上海嘉定，甘肃天水、民乐，黑龙江省阿城市等地也已形成规模化种植。

2. 大蒜加工业概况

大蒜具有丰富的营养成分和良好的药用保健价值，因此大蒜加工业发展迅速，大蒜产品综合加工利用越来越受到世界各国的重视。其加工产品品种繁多，主要有盐渍蒜头、糖醋蒜头、脱水蒜片、调味蒜粉、无臭蒜素、大蒜精油、无臭蒜酒、大蒜粗油、大蒜精油、大蒜酒、口服液及蒜汁饮料等；药用产品有大蒜素胶囊、大蒜膏、大蒜糖浆、大蒜浸出液、大蒜液注射液等；日用化工产品如无臭蒜素美容护肤品等也相继问世。

3. 蒜种产业

世界大蒜栽培品种繁多。目前，大蒜育种研究向优质、独特风味、抗病虫、抗逆、节水、节能、耐储运、适合加工等方向发展。育种手段以高新技术（如分子标记、基因工程、远缘杂交、体细胞杂交）与常规育种技术相结合，在大蒜有性生殖及杂交育种研究方面也有较大进展。

脱毒复壮是将组织培养和病毒检测技术相结合来培育、繁育脱毒蒜的，是防治大蒜病毒病的有效途径，可以有效地解决大蒜因长期无性繁殖导致退化的问题，可以提高蒜薹和蒜头的产量和质量。目前，美国、法国、新西兰及我国等已将脱毒蒜种应用于生产，并取得了明显的增产效果和经济效益。

目前蒜种生产正向专业化、标准化、集约化发展，美国、法国、西班牙、加拿大等国通过政府、企业、农户结合实现了蒜种专业化生产。

4. 我国大蒜产业发展前景

1）大蒜是我国优势特产蔬菜，在国际蔬菜贸易中占有重要地位。目前，我国大蒜出口量占世界葱姜蒜出口贸易量的70%以上。国际市场的价格一般为国内价格的5～10倍，甚至更高。但因我国大蒜品种性状表现一般，用途较为单一，不能满足国际市场对产品质量和产品多样化的需求。因此，在国际贸易方面表现为国际市场供不应求，而我国蒜出口价格低，产品档次低。可见，引进符合国际市场需求的蒜品种资源，选育适合出口的品种，并提高产品加工水平，对于调整农业产业结构、解决蔬菜的结构性过剩、提升蔬菜产业水平、增加农民收入、促进蔬菜加工出口业发展有重要意义。

2）大蒜营养丰富，药用保健价值较高，开发利用价值极高。随着科学技术的日益进步，大蒜在医疗、保健、美容、美发及饲料添加剂等方面的作用逐渐得到研发和利用，当前，大蒜制品走俏国内、国际市场。有数据显示，因青睐大蒜的医用和保健功能，德国、英国、美国、俄罗斯及日本等对大蒜素的需求均不断增长。其中，德国因对大蒜素情有独钟，对大蒜素的购买量已超过大众药品阿司匹林；英国每年的大蒜素销量也达到6亿多片。美国癌症组织认为，大蒜位居全世界最具抗癌潜力植物的榜首，美国每年的大蒜素销售额在3亿美元以上，俄罗斯和日本近年来对大蒜素的需求也日渐增加。当前，国际上对大蒜的消费主要体现在大蒜油、大蒜素及以其为原料的各种制品的使用上，如保健饮料、保健食品、食品调料、食品防腐剂、医药制品、饲料添加剂、化妆品及天然植物性农药等，而这些高科技含量的大蒜制品远未能满足市场需求，发展空间相当巨大。随着人民生活水平的日益提高，安全、方便、实用、高效、各种科技含量较高的大蒜制品的市场需求会越来越大，此类产品前景广阔。

3）我国大蒜生产具有得天独厚的条件。蔬菜生产属于劳动和技术密集型产业。近年来，多数发达国家蔬菜生产弱化，进口增加。因此，全球蔬菜进出口贸易额不断增加，这为我国出口蔬菜产业的发展提供了良好的机遇。随着生活水平的不断提高，安全、营养型"绿色食品"越来越深受人们的欢迎。我国是传统蔬菜出口国，劳动力资源和农民对传统技术的掌握具有明显的优势，无公害绿色蔬菜的国内外市场需求量巨大，为无公害绿色蔬菜的生产提供了广阔的发展空间。所以，我们必须积极引进、选育利用符合国际市场需求的蒜品种，采用与国际接轨的蒜安全生产技术，研发具有世界先进水平的蒜加工产品，尤其是精深加工产品，来进一步提高我国大蒜生产技术水平，保证蒜产品质量。

第二章
大蒜高效栽培的生物学基础

大蒜良好的生长发育必须要有适宜的环境,而为了满足这一要求的栽培措施基本上离不开对环境的创造与改变。栽培措施与环境的变化均对大蒜的生理活性有较大的影响。大蒜栽培,就是应用蔬菜生物学原理,采用一系列的高效栽培措施控制或促进大蒜的生长与发育,以达到高产、优质的目的。

第一节 大蒜的植物学特性

大蒜属百合科、葱属,1~2年生草本植物,是一种耐寒性蔬菜。植株在低温长日照条件下完成花芽分化,在温暖的长日照条件下抽生蒜薹,形成鳞茎。正常栽培条件下,通常不开花结籽,用蒜瓣或气生鳞茎等无性繁殖器官进行繁殖。一株完整的大蒜成龄植株包括根、鳞茎、茎、叶鞘、叶身、花茎及气生鳞茎(图2-1)。

一 根

大蒜属浅根性作物,没有主根和侧根之分。大蒜的根是从蒜瓣基部的茎盘上发生的,为弦线状须根,属于不定根。大蒜的发根部位以蒜瓣的背面基部为主,腹面根量较少,弦线状须根一般为黄白色,无根毛,根群浅小,主要分布在30cm以内的耕作层里,根长25~30cm,根系横向开展范围较小,主要分布在以茎盘为中心、半径15cm以内的地方。

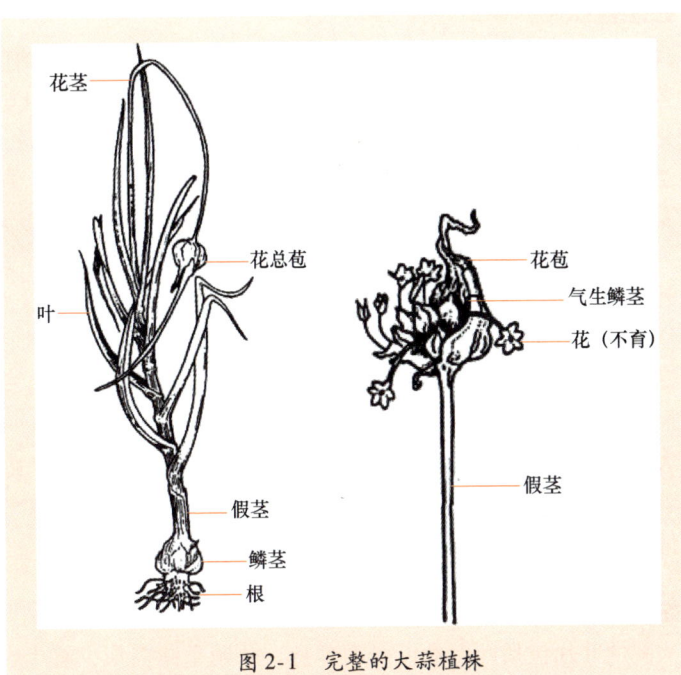

图 2-1 完整的大蒜植株

大蒜用蒜瓣繁殖，播种前蒜瓣基部已形成根的突起，播后遇到适宜的生长条件，1周内就可以在蒜瓣基部发出30多条新须根，而后根数增加缓慢，根长迅速增加。早发生的根随着茎盘的增大而逐渐衰老、死亡，被新发生的根所取代。大蒜的全生育期有2次发根高峰，第一次在发芽期，发根数为20~30条；第二次在退母后，发根数为50~80条。一棵成龄大蒜植株的发根数为100条左右。采收蒜薹后，根系不再增长，并开始衰老。

> 【提示】 大蒜根系的特性决定了根对水肥反应敏感，表现为吸水能力弱、喜湿、喜肥、怕旱。在栽培过程中，要根据其根系浅、根量少的特点，勤浇水、勤施肥，才可保证产量高、品质好。
>
> 大蒜的根在生长过程中会分泌一些具有杀菌能力的物质，是一种很好的作物前茬。

二 茎

大蒜真正的茎在地下，在营养生长时期短缩为盘状的短缩茎，即为茎盘。蒜头成熟以后，茎盘组织逐渐在高温条件下木栓化，干缩硬化，形成盘踵，成为蒜瓣的托盘，它与植物正常的茎不同，属于变态茎。茎盘木质化后有保护蒜瓣、减少水分散失的作用，所以大蒜要用完整的蒜头储藏。茎盘基部和边缘为生根部位，上面为叶和芽的原始体。茎节间极短，其上环生叶片，新叶生在内圈，老叶生在外圈，生长点被层层叶鞘所覆盖。在适宜条件下分化发育为花芽，从茎盘顶端抽生花茎（蒜薹）。同时内层叶鞘的基部开始形成侧芽，逐渐发育为鳞芽。随着植株的生长和叶数的增多，茎盘逐渐加粗，但生长量较小。蒜头长成以后，茎盘的下部生根，上部生叶和芽。大蒜的地上部分为假茎和叶片，假茎是由叶鞘层层包裹形成的，顶芽着生于中间，被7～12层叶鞘所包被。通过一定的低温和长日照条件之后，顶芽分化成花芽，长成蒜薹。

三 叶

大蒜的叶片包括叶鞘和叶身两部分。叶鞘呈圆筒形，着生在茎盘上。每一片叶均由先发生的前一片叶的出叶口伸出，许多层叶鞘套在一起，形成直立的圆柱形茎秆状，由于它不是真正的茎，故称"假茎"。叶片部分扁披针形，多为绿色或深绿色，叶面积小，叶形较直立，表面有蜡质。叶片绿色的深浅、叶片的长度和宽度、叶片质地的软硬、蜡质的多少、叶鞘的长短和粗细、叶片数目的多少及叶片的开张程度等都与品种有关。

大蒜播种后，最先长出的1片叶，只有叶鞘，没有叶身，称为初生叶。发芽叶的生长锥继续分化叶片，叶片数逐渐增加。待生长锥分化花芽后，叶片的分化结束，叶片数不再增加。最终的叶片数因品种而异。叶与叶之间的叶鞘长度随叶位的升高而增加。一般在花茎伸出最后一片叶的叶鞘口以后，叶鞘停止生长。叶鞘的长短和出叶口的粗细，与抽取蒜薹的难易有关，叶鞘越长、出叶口越细的品种，蒜薹越难抽出。

大蒜的叶片互生，对称排列，其排列方向与蒜瓣的背腹连线垂直。

> **【提示】** 播种时应将蒜瓣的背腹连线与播种行的方向相平行，可保证出苗后叶片的排列方向和播种行的方向垂直。这样一来，叶片与叶片之间的遮阴减少，可以接受更多的阳光，以增强叶片的光合作用。

四 鳞茎（蒜头）

通常所称的蒜头，其植物学名词是鳞茎。鳞茎为葱蒜类蔬菜的主要储藏器官。大蒜的鳞茎（即蒜头）是由着生在每一个花序柄（即蒜薹基部）的盘状茎（即茎盘）的侧芽（即鳞芽）发育肥大而成。鳞茎（图2-2）有几瓣至几十瓣蒜瓣之多，也可以为独头蒜。构成鳞茎的各个蒜瓣，植物学名词叫鳞芽（图2-3）。鳞芽是由大蒜植株叶片叶腋处的侧芽发育而成，所以又称"鳞腋芽"。鳞芽由2～3层鳞片和1个幼芽构成。外面1～2层鳞片起保护作用，称为保护鳞片或保护叶；最内一层是储藏养分的部分，称储藏鳞片或储藏叶。在鳞茎肥大时，保护叶中的养分逐渐转运到储藏叶中，最终形成干燥的膜，俗称蒜衣；储藏叶则发育成肥厚的肉质食用部分。储藏叶中包藏1个幼芽，称发芽叶。

蒜瓣着生的位置，大都紧贴在蒜苗的周围，这样所发育的鳞茎就排列成一轮蒜瓣。如苍山大蒜、天津六瓣红大蒜就只有6个左右的蒜瓣排列成为整齐的一轮；但是，也有一些品种，如前苏联红皮蒜不只有1轮，而有2～3轮。一种蒜，每头可有15～20个蒜瓣，排列也不规则。鳞茎的形状有扁圆球形、近圆球形或高圆球形3种（图2-4），这与品种的特性、栽培的土壤质地等有关。

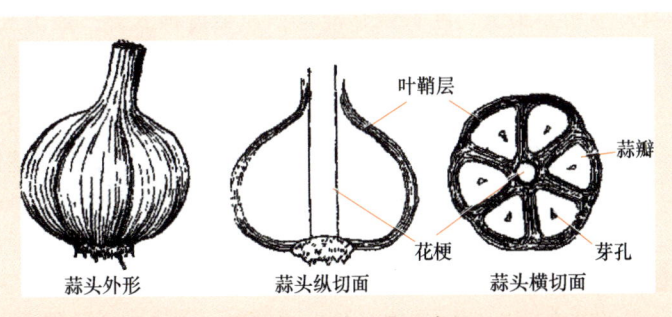

图2-2 大蒜鳞茎形态图

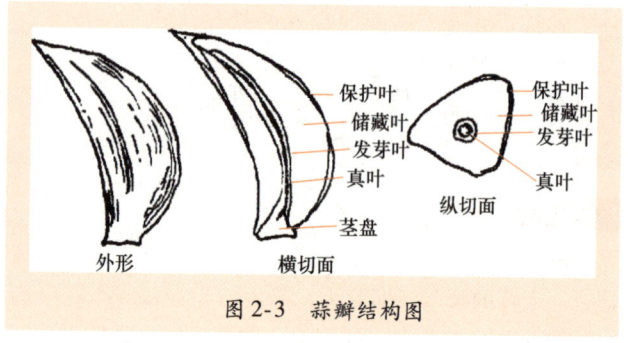

图 2-3 蒜瓣结构图

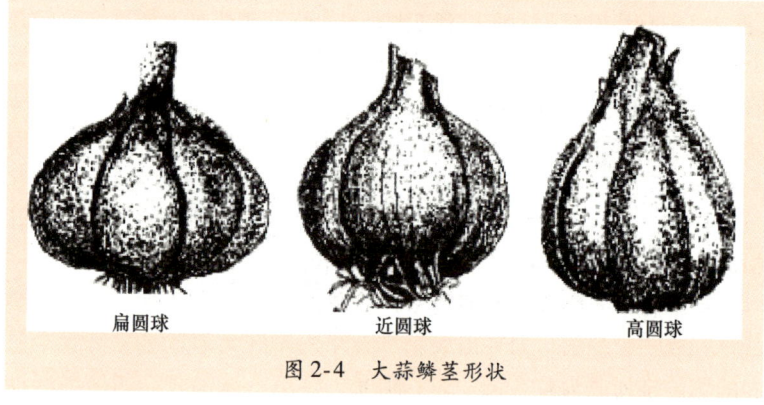

图 2-4 大蒜鳞茎形状

蒜瓣有弯曲、多角、直立等多种形状，这与品种及蒜瓣在鳞茎中着生位置、发育先后和挤压程度等有关。在同一蒜头中的蒜瓣大小也因品种不同而异，有些品种的蒜瓣大小比较整齐，但有些品种蒜瓣的大小相差很大。在特殊情况下，如果播种太晚，地力太薄，水肥不足，根系遭到破坏，或扎根受阻碍而导致植株生长不良，蒜头不再分瓣而形成独头蒜。鳞芽发生的位置因品种而异，蒜瓣大而少、分两层排列的品种，鳞芽多发生在花茎外围第一～第二层的叶腋中；蒜瓣小而多、呈多层排列的品种，鳞芽多发生在花茎外围第一～第五层的叶腋中。

五 花茎

大蒜鳞茎盘顶部的生长锥分化为花芽后，逐步发育成花茎，俗称蒜薹。花茎顶端的花苞称总苞。总苞成熟后开裂，可以看到许多小的鳞茎，称气生鳞茎，俗称蒜珠或天蒜。1个总苞中的蒜珠依品种而异，少者几个，多者数十个乃至100多个。蒜珠的构造与蒜瓣基本相同，也可以用作播种材料。总苞中除了蒜珠以外，还有一些紫色小花，与蒜珠混生在一起。小花有花瓣6片，分两轮排列，雄蕊6枚，呈两轮排列，有1枚柱头，子房3室。但花的发育多不完全，一般不能形成种子，即使形成少量发育不良的种子，也难以成苗，没有利用价值。

花茎（蒜薹）抽生于茎盘的中央。外露部分呈绿色，包藏于假茎内部的一段为白绿色或黄绿色。蒜薹包括花轴和花器两部分，蒜薹的形成可分为3个时期，即花芽分化期、花器孕育期和抽薹期。一般情况下，花芽分化期约需6天，花器孕育期约需18天，抽薹期约需21天，蒜薹生育期约45天。

> **【提示】** 可用大蒜的气生鳞茎进行繁殖，以提高大蒜的种性和活力。方法是在大蒜生长后期抽薹后，不采收蒜薹，待蒜薹变黄，气生鳞茎发育成熟时采收，筛选直径大于0.4cm的储藏过夏。
>
> 气生鳞茎播种时，一般情况下第一年长独头蒜，将独头蒜收藏好，秋天种下去就可以长成正常的蒜头，蒜头明显增大，品质好、生长势强，采用此法繁殖大蒜种是提高大蒜种性、防止大蒜退化的主要方法。

第二节　大蒜的生长发育过程

大蒜的生长与发育过程是指从用蒜瓣播种发芽到收获蒜头，重新获得新的蒜瓣，进入休眠状态的整个过程，也称为一个生育周期。大蒜生育期的长短，因播种期不同而有很大差异。春播大蒜的生育期较短，仅90~100天。秋播大蒜因要经较长的越冬时期，所以生育期长达220~270天。根据大蒜在一生中的生育过程所表现的特点，无论春播还是秋播，都可分为6个时期，即大约经历萌芽（出土）期、幼苗期、鳞芽和花芽分化期、蒜薹伸长期、鳞茎膨大期和休眠期（图2-5）。各时期形态特点明显不同，但是彼此有着相互促成和制约的关系，为了取得较高的产量，需要了解并掌握不同生育期的特点，采取科学合理的栽培措施进行栽培管理。

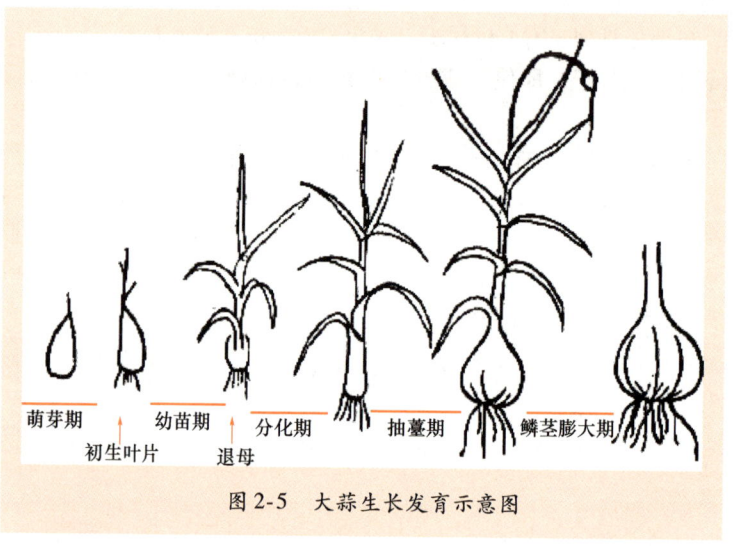

图2-5　大蒜生长发育示意图

一　萌芽（出土）期

大蒜从开始萌发到初生叶片展开为萌芽期。大蒜萌芽期的长短因播期、品种和土壤湿度的不同有着很大的差异。大蒜在3～5℃即可开始发芽，12℃以上发芽速度加快，20℃左右是大蒜发芽的最适温度。秋播大蒜需要8～20天，最多需30天，如苍山大蒜需15天，前苏联红皮蒜仅需8天即可；春播大蒜一般需要7～10天。土壤的湿度对大蒜萌芽期的长短有着较大的影响，播种后土壤的湿度低，蒜瓣的茎盘上只发生少数短而细的须根，吸水能力下降，发芽叶出土缓慢而且细弱，甚至有一些蒜瓣在土壤中霉烂，丧失生活力，造成出苗不齐，缺棵的现象。而播种后湿度过大也会造成相同的后果。

萌芽期中，蒜瓣基部的茎盘上发生弦线状须根，蒜瓣发芽叶中的生长锥继续分化新的幼叶。

> **【提示】** 发根和长叶所需的养分主要来源于蒜瓣中储藏的养分，所以要选择较大的蒜瓣，有利于以后的生长发育以及提高产量和质量。

二 幼苗期

由初生叶展开到鳞芽和花芽分化为止，即生长点停止分化幼叶而分化为花芽，总叶片数不再增加，这个过程称为幼苗期。

幼苗生长的适宜温度是 14～20℃，但幼苗能够忍耐短时期的 -3～5℃ 的低温。春播蒜幼苗期约需 25 天。秋播蒜要经过漫长的越冬期，约需 5 个月左右。苗期根系连续扩展，并由纵向生长转向横向生长。新叶也不断分化和生长，进行光合作用，积累营养物质，生长发育成健壮的植株个体，为鳞芽和花芽分化奠定营养物质基础。

幼苗期大蒜生长所需的养分主要依靠种瓣储存的养分。此期随着养分被幼苗吸收利用，蒜母开始干瘪。种瓣内养分基本耗净，生产上称为退母期（烂母期）。例如，1 月份以前苍山大蒜耗去种瓣 65% 左右的养分，而前苏联红皮蒜在 11 月下旬就可耗尽种瓣养分。越冬时植株停止生长，地上部部分叶片枯萎、叶尖干枯。一般仅保持 3～4 片功能叶越冬，到第二年 2 月中旬温度回升时开始返青，返青后生长加快，在这段时间内叶片分化全部完毕。

三 鳞芽、花芽分化期

从花芽和鳞芽分化开始到分化结束称为鳞芽及花芽分化期，生产上称为分瓣期。这个过程在不同的品种间有着很大的差异。秋播品种中，花芽和鳞芽开始分化处于寒冷的冬季。早熟品种，由于受低温的影响，分化过程缓慢，花芽和鳞芽从分化开始到分化结束需要的天数较多，需要 100 多天；中熟品种次之；晚熟品种最少。春播大蒜品种的花芽和鳞芽开始分化时处于温度逐渐升高、日照逐渐加长的春季，分化进程加快，花芽和鳞芽从分化开始到分化结束需要的天数较少，为 15～35 天。

鳞芽和花芽分化是大蒜生长发育的关键时期，分化顺利与否对产量影响很大。首先在生长点形成花原始基，同时内层叶腋处形成侧芽，

这时植株已长出7~9片真叶。出叶速度开始加快，叶面积增大，根系生长增强，营养物质积累加速，为蒜薹、蒜头的生长打下基础。

> ⚠️【注意】此时期，由于大蒜需要的养分增多，同时母瓣已经消失，所以会发生养分供应暂时不平衡，出现叶片黄尖现象。黄尖现象时间越长，生长越慢。因此，在栽培上应根据天气情况、土壤墒情及大蒜长势状况等表现，及时满足其对肥水的需求，以保证花芽和鳞芽的正常形成和发育。

四 蒜薹（花茎）伸长期

从花茎分化结束到蒜薹采收的这一过程称为花茎伸长期。秋播大蒜品种一般需要13~20天，但是其中的早熟品种由于处于早春较低的温度下，所需的时间较长，约40天；春播品种一般需要30~35天。

该时期的特点是生殖生长与营养生长并进，蒜薹在初期生长缓慢，而后加快。离蒜薹收获约20天，蒜薹开始迅速伸长。在天气温暖、土壤湿润的条件下能够促进蒜薹的生长。当蒜薹露出叶鞘（生产上称为甩尾），直到白苞（总苞转白）时采收蒜薹。从薹抽出叶鞘到收获约需15天。在这一阶段叶片全部长出，叶面积达到最大值。

在蒜薹迅速伸长的同时，蒜瓣也正在形成。老根系开始衰老，新根大量发生，由于地上部叶片和蒜薹迅速生长，全株增重最快，约占总重的50%以上。因此在蒜薹伸长期存在着地上部生长和地下部生长、营养生长与生殖生长及蒜薹伸长与蒜头膨大三对矛盾，三对矛盾的良好解决必须以充足的营养供应为基础。因此，在这短短一个月时间内，就是大蒜吸收水分和养分最多的时期，是大蒜肥水管理的关键时期。

> ➡️【提示】有些品种由于遗传性与环境的关系，花芽分化后，花茎不发育或只有很少程度发育，不能形成正常的蒜薹。这种情况就没有明显的蒜薹伸长期

五 鳞茎膨大期

从鳞芽分化结束到鳞茎成熟的过程称为鳞茎膨大期。秋播的早

熟品种一般需50～60天，其中蒜薹收后20～30天为鳞茎膨大盛期。中晚熟品种需60～65天，其中蒜薹收后20～25天为鳞茎膨大盛期。

此期间有一段时间与蒜薹伸长期重叠，在采收蒜薹之前鳞芽的膨大较缓慢。采收后，顶端优势解除，叶片中的养分迅速转移到鳞芽中，鳞芽膨大加快，重量迅速增加直到鳞茎成熟前一周，速度逐渐减缓。所以及时地采收蒜薹有助于鳞茎的膨大。生长后期，营养物质逐步下运至鳞茎。每个蒜瓣都有数层鳞片包围，外层鳞片的养分集中向最内的1层鳞片运输。最内的1层鳞片变得十分肥厚，而外面的几层鳞片则变成干瘪的膜状。地上部分逐渐枯黄发软，重量减轻。

> ⚠【注意】 在生产上为了延长叶片的寿命，使得叶片中的养分都能转到鳞茎中，应该保持土壤的湿润，避免叶片损坏，使功能叶较长时期地发挥作用。但是在形成后期要及时地停止灌水，防止鳞茎腐烂。
>
> 鳞茎接近成熟期，根系大量死亡，叶片干枯，叶鞘变薄而松软，失去支撑功能。因此，收获过晚，易倒伏、根底腐烂。

六 生理休眠期

大蒜成熟后进入休眠状态，有60～70天的生理自然休眠期。在大蒜生长的后期，叶鞘、外层鳞片的养分都转运到蒜瓣中。而本身变为包在外面的膜，可防止蒜瓣干燥失水。在大蒜的生理休眠期间，即使供给大蒜适宜的温度和湿度，蒜瓣也不会萌芽发根。休眠结束后，可以在适宜的条件下萌发、生根，但是也可人为地控制其萌发的条件，使其进入强迫休眠期，可以延长鳞芽的保存时间。通常28℃以上的高温可强迫大蒜鳞茎休眠，3～5℃较低温度维持30～40天可解除大蒜鳞茎的生理休眠。

由于品种不同，休眠期长短也有所不同。金乡大蒜休眠期较短，适宜条件下8月上旬就可萌芽生根，而苍山大蒜休眠期较长，要到9月上中旬方可萌芽发根。一般早熟的品种生理性休眠期较长，中熟的次之，晚熟品种较短。

第三节 大蒜对生存环境条件的要求

一 温度

温度是植物生长发育期内重要的环境因子，影响植物体内一切的生理变化，是植物生命活动最基本的因素。只有当温度的量和持续时间在最适宜的情况下，才能健康生长。大蒜是喜冷凉气候条件的作物，特别是发芽期和幼苗期适宜较低的温度。发芽的始温为3～5℃，发芽及幼苗期最适温度为12～16℃。此期温度过高，植株呼吸作用增强，养分消耗较多，生长受抑制。

幼苗期极耐寒，可耐-7℃的低温，能耐短时间-10℃的低温。在0～4℃的低温下，经过30～40天就可以通过春化阶段。在花芽、鳞芽分化期适宜的温度条件为15～20℃，抽薹期为17～22℃，鳞茎膨大期为20～25℃。温度较低时，鳞茎膨大缓慢；温度过高，膨大速度加快，但植株提早衰老也会影响产量。鳞茎休眠期对温度的反应不敏感。但以25～35℃的较高温度及0℃左右的低温有利于维持休眠状态；5～15℃的低温有利于打破休眠状态，促进鳞茎提早萌发。因此，在休眠期鳞茎既耐高温，也耐低温，为了减少损耗，以储藏在0℃左右的低温条件下为宜。

大蒜属于绿体春化型。一般在大蒜萌芽期到幼苗期，如果遇到0～4℃的低温，经过30～40天就能通过春化阶段。以后随着气温升高，可抽薹分瓣。若春季播种期延迟，不能满足春化作用所需的低温，就不能形成花芽，抽薹和分瓣不能进行，以后只可形成独头蒜。

> **提示** 华北地区一般在3月中旬以前播种。过了这个时期。就不能分瓣，易形成独头蒜，使产量降低。而对于秋播大蒜，如果播种过早，当年冬季感受低温而分瓣，幼小的鳞茎可再感受春季低温而通过春化，这样就会形成复瓣大蒜而失去商品价值。

二 光照

大蒜生长发育要求中等强度的光照，低于果菜类，高于叶菜类。

光照过弱时，叶肉组织不发达，叶片发黄，影响光合作用。大蒜不耐强光照，强光下叶绿体解体，叶组织加速衰老，纤维增多。叶片和叶鞘枯黄，鳞茎提早形成。

除了光照强度，日照长短对大蒜的正常生长也具有十分重要的意义。大蒜是长日照植物，在通过春化阶段后，需要较长的日照条件才能抽薹，并促进鳞茎的形成。长日照是鳞茎膨大的必要条件，南方的栽培品种需日照13h，北方则需14h。在日照时数低于12h的温暖环境下栽培大蒜，只分化新叶而不能形成鳞茎。一般品种在短日照下，只分化新叶而不能形成鳞茎，但也有早熟的品种对光周期要求不太严格。因此，在适宜弱光条件下可培育青蒜苗产品，而在无光的条件下生产大蒜，可培育蒜黄产品。

三 水分

大蒜的叶片呈带状，叶面积小，表面有蜡质，可防止水分快速蒸发，使大蒜具有一定的耐旱性。但由于根系小，根毛少，吸收能力弱，所以要求的土壤湿度很严格。大蒜在不同的生育阶段对水分要求有差异。播种后至出苗前，要求水分充足，这样出苗才能整齐，否则会因为土干硬，造成蒜母被根顶出干旱而死。在幼苗期同样要求保证充足的水分供应，防止因干旱导致的叶片黄尖，抑制幼苗生长。但幼苗期浇水过勤，水量过大，会引起蒜母腐烂。

> ⚠ **【注意】** 在叶片旺盛生长期需要消耗较多的水分，浇水次数相应增加，以促进植株和蒜薹的生长发育。
>
> 在接近采收蒜薹时，必须控制浇水，使植株稍显萎蔫，以利于采薹顺利抽出而不易折断。采完蒜薹后立即浇水，促进植株和鳞茎的生长。在鳞茎的膨大期，必须满足充分的水分供应，鳞茎才可较少地承受土壤压力，使养分顺利地转运至鳞茎中。当鳞茎充分膨大，即将采收的时候，要严格控制浇水，以促进蒜头的老熟，提高其品质和耐储性。为了起蒜容易，可在起蒜前浇1次小水。

四 土壤及营养条件

大蒜喜好富含有机质、疏松肥沃、通气良好、保水、排水和保肥性能良好的微酸性沙壤土或壤土,土壤 pH 为 5.5~6.0 最适合大蒜种植。大蒜需肥多而且耐肥,增施有机肥有显著的增产效果。大蒜施肥以氮肥为主,增施磷、钾肥可显著增产。大蒜对硫、铜、硼、锌等微量元素敏感,增施这些微量元素有增产和改善品质的作用。大蒜苗期需肥较少,所需的营养多由母瓣供应。在叶片旺盛生长期和鳞茎迅速膨大期,需要的营养较多。

大蒜的根系弱,吸收力差,而需肥又多,根据这一特点,施肥时应本着多次、少量的原则,施肥后注意立即浇水,以利吸收。另外,大蒜在整个生长发育过程中,对氮、磷、钾的总需要量是有一定比例的,大蒜需氮最多,需钾次之,需磷较少。一般在蒜头每亩(1 亩 $= 667 m^2$)产量 1000kg 以上的肥力水平地块,每形成 100kg 蒜头产量,约需氮肥 1.42kg,磷肥 0.44kg,钾肥 0.99kg。但是大蒜的产量不同,对养分的吸收量也有一定的差异。据试验,在亩产量为 1570kg 时,对肥料氮、磷、钾的吸收比例为 1∶0.36∶0.72。生产上按比例适量增施肥料,可明显增加大蒜对养分的吸收,充分发挥肥效,降低成本,提高产量和效益。

> ⚠ 【注意】 大蒜生长中、后期对氮素的需要量较大,分化至抽薹期占 30% 左右,鳞茎膨大期最多,吸收量占总吸收量的 40%,所以生产上应注意后期追施氮肥。大蒜鳞芽分化、抽薹期是对磷素营养元素吸收的强度营养期,吸收量较大,生产上在此期应注意追施速效磷肥。返青期和鳞茎膨大期是两个钾素的吸收高峰期,生产上应注意追施钾肥。

五 气体条件

主要指氧气、二氧化碳和某些有害气体。自然空气中,氧气含量约 21%,可满足大蒜生长的需要。二氧化碳含量为 0.03% 左右,而光合作用其含量可高达 0.12%,故大蒜设施栽培中可增施二氧化碳气肥。露地栽培,只在大蒜密度过大和植株封垄后株行间空气流通缓慢时,才会出现二氧化碳亏缺。

另外，土壤中的多种有益微生物是好气性的，微生物活动旺盛，有机物质被微生物迅速而彻底地分解，土壤空气中氧气充足时形成大量速效氮养分。缺氧时，有机质分解缓慢且不彻底，常积累有害的物质，对大蒜生长不利。减少土壤积水、中耕松土可以改善土壤通气条件，对大蒜根系生长有利。

> ⚠ 【注意】 通过合理密植，及时除草、高矮秆作物合理间套作等措施来改善通风条件，有利于提高作物的产量和品质。

第四节　大蒜的产量形成

蒜头的亩产量是由每亩株数、单株瓣数和单瓣重这三个因素构成的，只有三者协调发展，才能获得较高的产量。

一　栽培密度与产量的关系

大蒜叶形直立，呈带状披针形，各叶层间相互遮光面较小，是适宜密植的典型形态特征。在一定的密度范围内，总产量随单位面积株数的增加而增加。但是超过一定的密度范围后，蒜头的平均重量减轻，当蒜头重量的减轻不能用株数的增加而加以弥补时，单位面积产量则下降。而且栽植过密时，叶鞘细长紧实，不易抽出蒜薹，断薹率增多，影响蒜薹产量；栽植过稀时，大蒜头的比例增多，但形状不整齐，畸形蒜头也会增多。

确定合理的栽植密度应该根据品种的特征特性、种瓣大小、土壤肥沃程度、是否进行地膜覆盖及生产目的等，通过田间试验来进行。株型直立、开张度小、叶数少的品种，单位面积的株数比株型开张、叶片数多的品种可适当增加。用大的种瓣播种，植株长势较强，叶数较多，单株叶面积较大，单位面积株数比较小的种瓣可适当减少。土壤肥力高的地块，植株长势旺盛，单位面积株数比土壤肥力差的地块可适当减少。地膜覆盖栽培的大蒜，植株长势较旺盛，单位面积株数比不覆盖地膜的大蒜，可适当减少。出口的蒜头要求形态整齐，大小均匀，直径在4cm以上，单位面积株数比内销的蒜头应适当减少。

二 单株瓣数与产量的关系

单个蒜头的重量又是由蒜瓣数和蒜瓣大小决定的。1个蒜头有多少蒜瓣、蒜瓣的大小主要取决于品种的遗传性。在正常情况下，变化的幅度范围比较小。但是，蒜瓣的多少和大小在很大程度上受大蒜植株生长势强弱的影响。长势强、假茎粗、叶面积大的植株，鳞芽分化数较多而且发育良好，蒜头就比较重；长势弱的植株，鳞芽分化数少，而且发育不良，蒜头就比较轻。因此，凡是影响植株长势的因素都会使蒜瓣数和蒜瓣大小发生变化。

三 播种期与产量的关系

播种期是影响大蒜产量的一个很重要的因素。播期适宜时，植株长势强，鳞芽分化充分，蒜瓣数基本保持原品种的特征，同时生长期较长，鳞芽发育良好；播期过晚时，生长期缩短，植株长势减弱，鳞芽分化数减少，蒜瓣数减少，平均蒜瓣重降低，而且独头蒜和只有2~3个瓣的蒜头增多，抽薹率降低，导致蒜头和蒜薹双减产。比适宜播期提早播种时，蒜瓣数有增加的趋势，蒜头重量一般不受影响，而且蒜薹产量明显提高，所以，以蒜薹为主的大蒜产区，往往采取适当提早播种，加强灌水和施肥的措施以提高蒜薹产量，但同时带来了蒜瓣数增多、平均蒜瓣重降低以及夹瓣增多等影响蒜头商品质量的问题。

另外，蒜种的大小对单个蒜头中的蒜瓣数也有影响。同一个品种，用大蒜瓣播种时，其后代的蒜瓣数一般较多，蒜头产量较高。但对于一些瓣数较少、蒜瓣大小均匀、蒜头形状整齐的大蒜品种，如上海嘉定蒜、苍山大蒜、嘉祥大蒜、天津六瓣红、伊宁红皮、昭苏六瓣红、海城大蒜、应县大蒜等，为了保持其优良种性，应选用中等大小的蒜瓣作蒜种。

第三章
大蒜的品种选择与特点

第一节 大蒜品种的分类

我国大蒜分布地域广阔，种植区从北到南跨越了寒温带、中温带、暖温带、亚热带和热带五个气候带，在多年的栽培过程中形成了许多各具特色的大蒜品种。根据不同的分类标准，主要有以下几种分类。

一 系统分类法

系统分类法主要是根据大蒜的外部形态特征，参考解剖、生理生化、遗传特性等而进行分类的。大蒜是百合科葱属大蒜种植物，根据大蒜的鳞茎（蒜头）、蒜瓣、植株、生育期、蒜薹、生态和生理特性等性状进行分析，将大蒜分为双层蒜衣和单层蒜衣两个变种，每个变种又各分成三个品种群。双层蒜衣变种包括抽薹大蒜品种群、不完全抽薹大蒜品种群和春蒜品种群；单层蒜衣变种包括长叶大蒜品种群、短叶大蒜品种群和多层蒜瓣大蒜品种群。

二 生态分类法

生态分类法是根据大蒜生长发育对生态环境条件的要求及其生态适应性进行品种分类的。根据生态分类可将大蒜分为低温反应敏感型、低温反应中间型和低温反应迟钝型三个生态型。

1. 低温反应敏感型

这一生态型的大蒜品种对低温反应敏感，花芽和鳞芽分化需要

的低温期较短,耐寒性较差;鳞茎的形成和发育对日照条件要求不严格,在8h的短日照条件下也可以形成鳞茎,但在12h日照下鳞茎的发育较好。这一生态型品种分布在北纬31°以南的地区,在当地为秋播品种,主要有四川成都的金堂早蒜、五凤蒜、软叶蒜,广东的金山火蒜、新会火蒜、普宁蒜、忠信大蒜等。

2. 低温反应迟钝型

这一生态型品种对低温反应迟钝,花芽和鳞芽分化需要经受较长时期的低温,耐寒性较强;鳞茎形成和发育对日照长度的要求比较严格,在12h日照下一般不能形成鳞茎,其中有些品种在12h日照下虽然能够形成鳞茎,但鳞茎发育不良,单头重仅数克,而在16h日照下形成的鳞茎,单头重可增加1~2倍。低温反应迟钝型品种多分布于北纬35°以北地区或纬度虽低但海拔很高的地区(如西藏江孜)。此类型品种在当地以春播为主,其中也有少数可以在秋季播种的品种,如新疆伊宁红皮蒜。

低温反应迟钝型品种不宜在中纬度平原地区种植,主要是因为以下两个方面。

(1) 出苗期长 9月中旬播种时,蒜种的休眠期尚未结束或刚结束,所以出苗慢,播种至出苗的时间普遍较低温反应中间型品种长,但不同品种间有很大差异,少者37天,多者183天。出苗后生长缓慢,苗细弱,导致鳞茎(蒜头)发育不良,独头蒜和少瓣蒜增多,抽薹性变差。

(2) 花芽和鳞芽分化期晚 同期秋播时,低温反应迟钝型品种的花芽分化期和鳞芽分化期较低温反应中间型品种晚。分化后,花薹和鳞茎(蒜头)发育的适温期都短。在高温长日照条件下,花薹不能正常伸长,形成半抽薹或不抽薹;鳞芽不能充分肥大就进入休眠期,所以蒜头变小。

3. 低温反应中间型

这一生态型品种对低温的反应介于低温反应敏感型和低温反应迟钝型之间。其在8~16h日照下都可以形成鳞茎,但在14h左右的日照下鳞茎发育良好,日照时间增加至16h,由于叶部提早枯黄,反而不利于鳞茎的发育。适应性较强,属于这一生态型的品种多分布在北纬30°~35°及北纬30°以南海拔较高的大蒜产区,在当地以秋播为主,如天津红皮蒜就属于此生态型，但它的适应性不如此类型中的其他品种。有少数品种在北纬36°~39°的地区也可春播。如陕西兴平白皮蒜、前苏联红皮蒜、苍山大蒜、陕西耀县红皮蒜等，在地处北纬38°53′的陕西神木县春季播种，鳞茎发育良好，单头重与在地处北纬34°18′的陕西杨陵秋季播种者相比，差异不大。但抽薹率很低，甚至不抽薹。

三 传统分类法

传统分类法主要是根据习惯和直观的方法进行分类，有以下8种分类方法。

1. 根据大蒜鳞茎外皮色泽分类

这种方法可将大蒜分为白皮蒜和紫（红）皮蒜两种类型。

（1）白皮蒜类型 鳞茎（蒜头）外皮白色，植株叶片较窄，叶数较多，假茎较高，蒜头大，辣味淡，成熟晚。有大瓣种和小瓣种之分，大瓣种每头5~8瓣，小瓣种每头10瓣以上。该类型常作青蒜和蒜头栽培，其蒜头适合腌渍。其代表类型有苍山大蒜、大马牙蒜、狗牙蒜、无薹大蒜、杭州白皮蒜等。

（2）紫（红）皮蒜类型 鳞茎外皮紫红色或有紫红色条纹，植株叶片较宽，抽薹性较好。蒜瓣有大有小，但蒜瓣数都少，辣味浓郁、品质优良。其多用于蒜头和蒜薹栽培。这种类型多分布于华北、东北、西北等地，耐寒性差，适于春播。代表品种有蔡家坡红皮蒜、阿城大蒜、定县紫皮蒜、嘉祥大蒜等。

2. 根据构成鳞茎的蒜瓣大小和蒜瓣数分类

根据构成鳞茎的蒜瓣大小和蒜瓣数可将大蒜分为大瓣蒜和小瓣蒜两种类型（图3-1）。

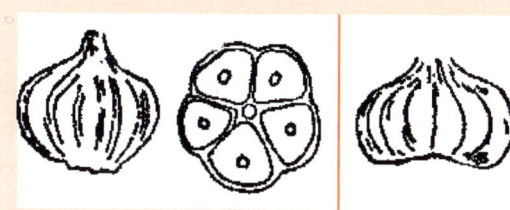

图3-1 大瓣蒜（左）与小瓣蒜（右）的鳞茎与横切面

(1) 大瓣蒜 蒜瓣数较少，每头为 4~8 瓣，蒜瓣个体肥大，而且比较均匀。味香辛辣，外皮容易剥落，蒜头产量较高，蒜薹粗而长，以生产蒜薹和蒜头为主。其代表品种有苍山大蒜、开原大蒜、阿城大蒜等。

(2) 小瓣蒜 又叫狗牙蒜。蒜瓣狭长，大小不均匀，瓣数较多，一般 10 个以上，多者可达 20 多瓣。蒜皮薄，不易剥落，辣味较淡，产量偏低，适于蒜黄和青蒜栽培。其代表品种有白皮马牙蒜、拉萨白皮蒜等。

蒜瓣大小和蒜瓣数主要受品种遗传性控制，所以这种分类方法也比较直观方便。但也应该注意，蒜瓣大小和蒜瓣数也受栽培环境和条件的影响。

3. 根据蒜薹的有无或发达程度分类

根据蒜薹的有无或发达程度可将大蒜分为有薹蒜、无薹蒜和半抽薹蒜三种类型（图 3-2）。

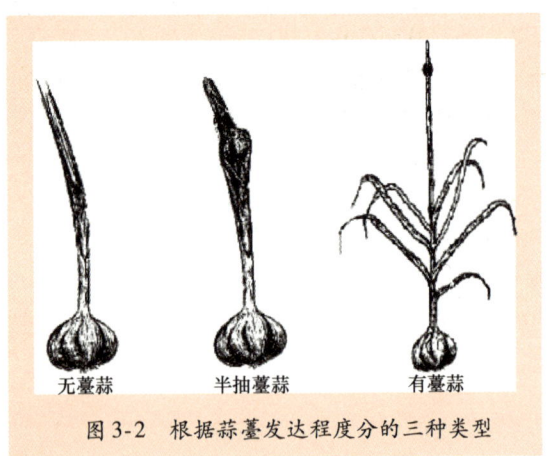

图 3-2 根据蒜薹发达程度分的三种类型

(1) 有薹蒜 是可以正常抽生蒜薹的大蒜品种，既可收获蒜薹，又可收获蒜头，是我国各地普遍栽培的大蒜品种。

(2) 无薹蒜 有两种情况，一种是大蒜生长点不分化花芽，因而不能形成蒜薹；另一种是大蒜生长点分化花芽，但花芽发育不良形成弱小的花薹，包藏在基部叶鞘中，不能生长成蒜薹。

(3) 半抽薹蒜 是由于花芽分化形成后,在发育过程中延伸生长缓慢,形成粗短的蒜薹,而蒜薹顶部的气生鳞茎膨大,将叶鞘膨胀,从裂口处伸出,形成"腰蒜"。

由于蒜薹的有无和发达程度与栽培生态条件关系很大,因此一个品种的有薹和无薹并不是绝对的。在引种栽培时,有薹种可能会表现出无薹性,而无薹种也可能表现出抽薹性。

4. 根据叶片的质地和空间姿态分类

根据叶片的质地和空间姿态可将大蒜分为软叶蒜和硬叶蒜两种类型。

(1) 软叶蒜 一般叶片质地较软,叶片较宽而平展,生长期叶片下垂。如四川新都软叶子。

(2) 硬叶蒜 叶片质地较硬,叶片较窄而呈槽形,生长期叶片挺直向上扬。如成都硬叶子。这种分类有助于了解大蒜品种的生长习性,制定合理的密植措施。

5. 根据蒜秸质地分类

根据蒜秸质地可分为硬秸、软秸两大类型。

(1) 硬秸类型 蒜秸硬质、实心,以大瓣型为主,兼有多瓣型,4~12瓣。也有小瓣品系。鳞茎耐储性好。花薹长,质地紧实,产量高,耐储存。有的品系薹不全抽出,或滞留蒜头中,产生气生鳞茎。如苍山大蒜、嘉定大蒜、蔡家坡紫皮蒜和二水早等。

(2) 软秸类型 蒜秸质软、中空,以多瓣、小瓣为主,兼有大瓣型。多数鳞茎蒜瓣多层,10~40瓣不等,也称菊花瓣。蒜头较大,产量高。有花薹但较细、短,耐储性一般。如徐州大蒜、金乡大蒜等。

6. 根据大蒜的生态特性和播种季节分类

根据大蒜的生态特性和播种季节可将大蒜分为春性蒜和冬性蒜两类。

(1) 春性蒜 一般耐寒性较差,春播,或近冬播种,一般不抽薹,蒜瓣较小。

(2) 冬性蒜 一般耐寒性较强,秋播,可抽薹,蒜瓣较大而少。

7. 根据生育期长短和熟性分类

根据生育期长短和熟性可将大蒜分为极早熟、早熟、中熟和晚

熟四大类型。其中，秋播蒜的中熟类型又分为中早熟、中熟和中晚熟三类。具体分类标准见表3-1。

表3-1 大蒜熟性的划分标准　　（单位：天）

熟　性	秋播蒜	春播蒜
极早熟	≤180	≤90
早熟	181~220	91~100
中早熟	221~230	—
中熟	231~250	101~115
中晚熟	251~260	—
晚熟	≥261	≥116

8. 根据栽培用途分类

根据栽培用途可将大蒜分为蒜头用型、薹头兼用型、早薹型、苗用型和加工用型五种类型。

(1) 蒜头用型 以生产蒜头为主，蒜头大，产量高，如前苏联红皮蒜等。

(2) 薹头兼用型 蒜头较大，蒜薹品质好，产量较高，耐储存。代表品种有上海市的嘉定大蒜、陕西省的蔡家坡大蒜等。

(3) 早薹型 出薹早，薹长，色绿，质嫩，产量高，如四川省的成都二水早等。

(4) 苗用型 蒜瓣多，休眠期短，蒜株产量高，色鲜，质细嫩，如四川的软叶子等。

(5) 加工用型 适合脱水加工的品种，一般蒜瓣质地紧密，干物质含量高，适合加工脱水蒜片的品种，则蒜瓣大而整齐，如山东省的苍山蒲棵、嘉祥红皮等。加工用型中适合腌渍的品种，一般蒜瓣质脆嫩、味甘，如天津市的宝坻红皮等；适合大蒜素提取的品种，则干物质和大蒜素含量高，辣味浓，如甘孜大蒜等。

第二节　大蒜主要优良品种

我国大蒜品种资源丰富，可供生产中选择。但是不同大蒜产区各有其特定的生态环境，所栽培的品种一般具有明显的区域适应性。在实际生产栽培中，大蒜异地引种时，既要了解产地的纬度，又要了解产地的海拔，从生态条件相近的地区引种，并进行2~3年的田间试种观察，以验证其适应性。

一　名优地方品种

1. 前苏联红皮蒜

山东农业大学于1957年从前苏联库班蔬菜研究所引进该种红皮蒜。现已大面积推广，它是中国目前大蒜出口及内销的重要品种之一。有的地区称之为"改良蒜"，有的地区称之为"杂交蒜"。显然，称"杂交蒜"是不正确的，因为大蒜花薹退化，一般不结种子，大蒜的杂交育种目前仍是世界性难题。

植株高85~90cm，株型开张，株幅40cm左右。叶片为黄绿色，有蜡粉。蒜头扁圆形，外皮浅紫色至紫色，干燥后外皮呈灰白色带紫色条斑。单头重55g左右，蒜头横径5.5cm，良好栽培条件下有80%~90%的蒜头直径大于5cm，瓣形整齐。蒜瓣形状较独特，腹面的上部隆起，下部凹入，容易与其他品种区别。肉质较疏松，辛辣味较淡。每个蒜头有12~13瓣，分两层排列，外层蒜瓣肥大而瓣形整齐，内层瓣小且不整齐。蒜衣1层，浅红黄色，基部带紫色条斑，较薄，有光泽易剥离。蒜瓣肉质较疏松，辛辣味较淡。休眠期短，不耐储藏。

该品种适应性较强，适宜在山东、山西、河南、陕西、江苏等秋播地区种植，一般9月下旬~10月上旬播种，第二年5月上中旬收获蒜薹，5月下旬收获蒜头。

2. 阿城紫皮蒜

黑龙江省阿城市地方名优品种，已有800多年的栽培历史。它具有头大，瓣齐，口味纯正浓郁、辛辣醇香，早熟，耐寒，高产的特点，是东北各省大蒜主栽品种。属低温反应迟钝型品种。

株高85cm左右，开展度约32cm，假茎长33cm、粗0.8~1.5cm。须根多，每株有须根40~90条不等，根长13~18cm，粗0.2~1.2mm，根系不分叉。单株叶片数8~9片，叶片长10~40cm、宽0.7~1.5cm，叶色深绿，叶面有蜡粉。抽薹率90%以上，蒜薹较

粗。蒜头近圆形，外皮灰白色带紫色条纹，横径5cm左右，高4~5.5cm。单头干重25~50g，蒜衣1层，紫红色，不易剥离。每头蒜6~10瓣，分两层排列，外层蒜瓣数略多于内层，但蒜瓣大小差异不大，平均单瓣重4g左右，蒜瓣间排列紧实。蒜瓣脆嫩、汁黏、味辛辣、芳香、鲜美。它适宜作蒜头和蒜薹生产栽培。

该品种在当地4月播种，7月中旬收获蒜头，生育期100天左右，为当地的早熟大蒜品种。每亩生产蒜头600kg。

3. 吉林白马牙

吉林省农安县、和龙市等地农家品种，栽培历史悠久，全省普遍种植。

植株直立，株高50~60cm，叶狭长，披针形，长35~40cm，宽1.5cm，浅绿色。不易抽薹。蒜头外皮白色，横径4~6cm，纵径3~4cm，单头重30~40g。每个蒜头约有20瓣，大小不整齐，瓣狭长呈三角形，辣味较淡。该品种具有中晚熟、长势旺盛、优质高产等特点，属低温反应迟钝型品种。

该品种生育期较长，宜作青蒜和春播蒜头栽培。在吉林省各地春季栽培，3月下旬~4月上旬播种，7月下旬~8月下旬收获蒜头。

4. 天津六瓣红

天津市宝坻区地方品种。株高65~70cm，假茎高约26.5cm，粗约1.5cm。单株叶片数9片，叶色浅绿，叶面蜡粉较厚，最大叶长50.7cm，最大叶宽2.4cm。抽薹早，蒜薹粗壮，产量高。蒜头扁圆形，横径5cm左右，外皮浅紫色，平均单头重30g左右。每个蒜头的蒜瓣数一般为6瓣，少者5瓣，多者7瓣，分内、外两层排列，蒜瓣大小相近，瓣形整齐，排列紧实，蒜衣1层，暗紫色。

该品种适宜作青蒜、蒜薹和蒜头栽培，当地于3月上旬播种，第二年5月下旬采收蒜薹，6月下旬采收蒜头。

5. 延吉紫皮蒜（大红袍）

吉林省地方品种，吉林省延吉、吉林地区普遍种植。

株高50cm，叶长披针形，长40cm、宽1.8cm，深绿色，成株有8片叶左右。蒜头皮色紫色，纵径3~4cm，横径4cm，每个蒜头有6~8瓣，瓣肥大，呈斜三角形，整齐，有蒜薹。蒜头平均重20g。生长期100天左右，耐寒性强，储藏性中等，辛辣味浓，品质好。

该品种在吉林省各地春季栽培，延边地区4月上旬播种，畦作或垄作，株距8~10cm，6月末收获蒜薹，7月下旬收获蒜头。

6. 宁夏紫皮大蒜

宁夏回族自治区银川市郊区农家品种。该品种栽培历史悠久，宁夏黄河灌区等地普遍栽培。株高47cm，开展度36cm，叶灰绿色，披针形，叶长45cm、宽3cm，表面蜡粉多，叶鞘高18cm，粗1.3cm，浅紫色，全株有叶6片。蒜头高4cm，横径5cm，扁圆形，蒜皮紫红色。每个蒜头4~6瓣，蒜头重34g。生长期130天。抗寒、耐旱性强，不耐热，蒜苗、蒜薹与蒜头均可食用，辣味较浓，品质优良。

该品种在银川地区3月上旬播种，行距22cm，株距6cm。一般在4月上旬后出土，5月中旬开始分瓣，6月中下旬花薹伸出叶外，采收蒜薹不宜过迟，否则易老化。形成蒜头时浇水，应根据天气、土壤和植株生长状况而定，土壤过湿，容易引起蒜头腐烂和蒜蛆的发生。采收期一般在7月中旬。

7. 成县红蒜

甘肃省东南部成县地方农家品种，除成县多栽外，天水地区各县也有栽培。

植株直立，株高40~45cm，叶呈条带披针形，具白色蜡粉，深绿色，叶长30~35cm，叶鞘长10~12cm，蒜薹长60~70cm，横径0.4cm。蒜头筒子状，外皮紫红色，纵径3.8~4.0cm，横径4.8~5.0cm，每个蒜头6~10瓣。

该品种抗寒性、抗病性强，辣味浓郁，品质好，水分足，蒜瓣脆嫩，生长期120天。

甘肃省东南部秦岭一带，在施肥深翻、整平、耙细后，于9月下旬~10月上旬按行距33cm，株距13~17cm，挖6cm深的穴，点播蒜瓣1个。冬季防寒，于第二年5月上旬、中旬可收蒜苗食用，也可待抽薹后，抽取蒜薹，可采薹300kg/亩，到6月上旬，采收蒜头。

8. 泾川红蒜

甘肃省泾川县农家品种，平凉地区栽培。株高60cm，假茎高

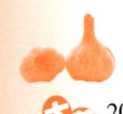

20cm，蒜薹长50cm左右，横径0.6cm。蒜头中等，皮浅红色，纵径3.5cm，横径5cm，每个蒜头有6~8瓣，蒜头平均重40g。生长期120天，耐寒性强，蒜头瓣大，辛辣味浓，品质好。

泾川县3月上旬、中旬播种，播前选择蒜瓣肥大、每头5~6瓣的作种蒜。株距17cm，行距20cm，表面盖土粪。旱地不浇水，水浇地仅在6~7片叶时浇水1~2次。于7月上、中旬采收蒜头。

9. 吉木萨尔红皮蒜

新疆伊犁农家品种，栽培历史悠久。目前，在伊宁市郊、伊宁县广泛栽培。

株高75cm，叶长披针形，叶长55cm、宽2.6cm，叶色深绿。蒜头皮紫红色，蒜头纵径4.1cm，横径5.8cm，每个蒜头有5~6瓣。有蒜薹、复瓣。蒜头平均重81g。生育期260天左右。耐寒性强，耐热性中等，耐储藏，抽薹较早，辛辣味浓，品质较好，鲜食、熟食、加工均可。

该品种在秋季栽培。10月上旬播种，行距20~25cm，株距10cm左右，第二年5月下旬收获蒜薹，6月底收获蒜头。

10. 喀什紫皮蒜

新疆喀什市地方品种，喀什市郊均有栽培。

株高51cm，叶长披针形，叶长42cm、宽2cm，叶色深绿。蒜头外皮紫红色。蒜头纵径2.5cm，横径5.5cm，每个蒜头有7~10瓣，有蒜薹，有复瓣。蒜头平均重50g。耐寒性强，耐热性弱，耐储性差。抽薹晚，辛辣味浓，品质较好。宜熟食或加工。

该品种在当地一般秋季栽培。10月中、下旬播种，行距20cm，株距10cm。第二年6月上、中旬抽薹，6月下旬~7月上旬收获蒜头。

11. 蔡家坡红皮蒜

陕西省岐山县蔡家坡地方品种，主要分布在岐山县蔡家坡一带。

株高70~85cm，叶长披针形，长40cm、宽1.5~1.8cm，叶色深绿，蒜头皮为紫色，纵径4cm，横径4~6cm，每个蒜头有7~8瓣，有蒜薹，有复瓣。蒜头平均重60g。早熟种，生育期250~260天，耐寒性强，耐热性中等，耐储性强，抽薹早，辛辣味浓，品质好，鲜、熟食及加工均可。

该品种在当地适宜播期为 8 月下旬，行距 20～25cm，株距 7～10cm，第二年 5 月下旬～6 月上旬收获。蒜薹单产 400kg/亩，蒜头单产 1000kg/亩。

12. 耀县红皮蒜

陕西省耀县地方品种，主要分布在本县境内。

株高 50～60cm，叶为长披针形，长 42cm、宽 2.4cm，绿色。蒜头外皮为紫色，纵径为 3～3.5cm，横径 4～4.5cm，每个蒜头有 5～14 瓣，有蒜薹，有复瓣。蒜头平均重 40g。中早熟，生育期 250～260 天，耐寒性强，耐热性、耐储性均为中等，抽薹早，辛辣味浓，品质中等，鲜、熟食及加工均可。

该品种在耀县地区的栽培季节为 9 月上旬，当地适宜播期为 8 月下旬～9 月上旬；行距 20～25cm，株距 8～10cm，第二年 5 月下旬～6 月上旬收获。蒜薹单产 400kg/亩，蒜头 1000kg/亩。

13. 商南笨黑皮蒜

陕西省商南县农家品种，主要分布在商南县境内。

株高 44cm，叶为短披针形，长 25～30cm、宽 1.2～1.5cm，绿色。蒜头皮为紫色，纵径为 3.5～4cm，横径 3.5～5.0cm，每个蒜头有 8～9 瓣，无蒜薹，有复瓣。蒜头平均重 30～40g。早熟，生育期 180 天，耐寒性、耐热性均为中等，耐储性强，不抽薹，辛辣味中等，品质较差，鲜、熟食及加工均可。

该品种在当地适宜播期为 12 月中旬，行距 20～25cm，株距 10cm，第二年 6 月上旬收获。

14. 平利火蒜

陕西省平利县地方品种，主要分布在平利县境内。

株高 36cm，叶形为短披针形，长 20cm、宽 0.8～1.2cm，绿色。蒜头外皮紫色，纵径 3.5cm，横径 4cm，每个蒜头有 6～8 瓣，有蒜薹，有复瓣。蒜头平均重 20～25g。早熟，生育期 230 天，耐寒性、耐热性、储藏性均为中等，抽薹早，辛辣味居中，品质较好，鲜、熟食及加工均可。

该品种在当地适宜播期为 9 月，行距 20～25cm，株距 6～8cm，

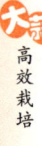

第二年6月收获。蒜薹单产200kg/亩,蒜头单产1500kg/亩。

15. 宁强山蒜

陕西省宁强县农家品种,主要分布在本县境内。

株高50~60cm,叶形为长披针形,长40~45cm、宽1.5cm,绿色。蒜头外皮为紫色,纵径3.5~4cm,横径4~5cm,每个蒜头有6~7瓣,有蒜薹,有复瓣。蒜头平均重30~40g。早熟,生育期240~250天,耐寒性强、耐热性中等、储藏性强、抽薹早,辛辣味浓,品质好,鲜、熟食及加工均可。

该品种在当地适宜播期为9月上中旬,行距20~25cm,株距8~10cm,第二年6月上旬收获。蒜薹单产300kg/亩,蒜头单产800kg/亩。

16. 三月黄

江苏省大丰市地方品种,该品种抽薹前有明显落黄特性,且时值农历三月,故此得名。

株高70cm,全株有叶10片,长50cm,色深绿。蒜薹长45~50cm,粗0.5~0.7cm。蒜头外皮浅紫色,略呈现扁球形,横径4cm左右,纵径高3.3~3.5cm,每个蒜头8~10瓣,单头重30~40g。辛辣味浓,品质好。

该品种具有中熟、生长势较旺盛、抗寒性较强、春季落黄明显、高产优质等特点,主要用于青蒜栽培,也可蒜薹和蒜头兼用。在当地作青蒜栽培时8月中下旬播种,作蒜薹和蒜头栽培时于9月下旬~10月上旬播种,全生育期250~255天。

17. 丹凤火蒜

陕西省丹凤县地方品种,主要分布在本县境内。

株高50cm左右,叶为长披针形,长30cm、宽1.5~1.8cm,绿色。蒜头外皮为紫色,纵径3~3.5cm,横径4cm左右,每个蒜头有6~8瓣,有蒜薹,有复瓣。蒜头平均重25g。生育期230~240天,耐寒性、耐热性、耐储性均为中等,抽薹早,辛辣味浓,品质较好,鲜食、加工均可。

该品种在当地适宜播期为9月上旬,行距20~25cm,株距6~8cm,第二年5月上旬收获。蒜薹单产200kg/亩,蒜头单产

1000kg/亩。

18. 耀县竹叶青

陕西省耀县地方品种,主要分布在本县境内。

株高50~60cm,叶为长披针形,长30~40cm、宽1.5cm,绿色。蒜头外皮为浅紫色,纵径3~3.5cm,横径4~4.5cm,每个蒜头有6~8瓣,有蒜薹,有复瓣。蒜头平均重20~25g。中晚熟,生育期250天左右,耐寒性强,耐热性、耐储性中等,抽薹早,辛辣味浓,品质好,鲜、熟食及加工均可。

该品种在当地适宜播期为8月下旬~9月中旬,行距20~25cm,株距8~10cm,第二年6月中旬收获,蒜头单产1000kg/亩。

19. 应县紫皮蒜

山西省应县小石口地方品种,栽培历史悠久,在应县及邻近县有栽培。

株高50~60cm。叶片长披针形,深绿色。蒜头外皮浅紫红色,蒜头纵径约4cm,横径约5cm。每个蒜头有4~6瓣,无复瓣,单个蒜头重25~30g。中熟,生长势强,病虫害较轻。抽薹率为50%~80%。蒜瓣肉质致密,香辛味浓,蒜泥黏稠隔夜不变味,品质好。

该品种在应县3月下旬~4月初播种,7月下旬~8月上旬收获蒜头。

20. 云顶早

四川省成都市地方品种,在市郊青白江区和金堂县分布较多。

株高60cm,开展度28cm。叶片长38cm,绿色。假茎高20cm,浅绿色,叶面蜡粉少。蒜头扁圆形,高2.2cm,横径3cm,外皮紫红色,每个蒜头有8~9瓣,单个蒜头重约10g。从播种至收获210天左右。耐寒、耐热性较强。薹质细嫩,味香甜,辣味重,蒜苗香味浓。适宜收蒜薹或蒜苗。

该品种在当地以收获蒜薹为主时,8月中旬播种,行距20cm,株距7cm,3月上旬收获蒜薹,单产250kg/亩。以收获青蒜苗栽培时,6月下旬~7月上旬播种,行距约5cm,成行密植。施肥后覆以稻草,出苗20~30天追肥。11月上旬~第二年1月收获。

21. 二水早

四川省彭州市和金堂县地方品种,属于硬秸大蒜品种类型。

株高 60~80cm，假茎长 30~40cm，粗 1.2cm 左右。最大叶长 35~40cm，最大叶宽 2.5cm，颜色绿，叶面蜡粉较多。蒜薹色浅绿，味浓，品质好。蒜头圆形，外皮浅紫色，单头重 13~20g。每个蒜头有 8~9 瓣，多分两层排列，外层为 6 瓣，内层为 2~3 瓣，瓣衣 2 层，紫红色，较厚，干后易变成褐色。

该品种早熟、耐热、耐寒、适应性强、抽薹早，适宜作青蒜和蒜薹栽培。作青蒜栽培在当地于 8 月中下旬播种，第二年 1~2 月收青蒜；作蒜薹栽培时 9 月中旬播种，第二年 3 月下旬~4 月上旬抽薹，5 月上旬收蒜头。

22. 温江红七星

又名硬叶子、刀六瓣，四川省温江县地方品种。成都郊区各县均有分布。

株高 50~60cm，开展度 18cm，叶片长 30~40cm。假茎高 20cm，叶色略带紫色，蜡粉少。蒜头扁圆形，高 3cm，横径 4~5cm，皮白带紫色，每个蒜头有 7~8 瓣，分两层排列，蒜衣 2 层，浅紫色，不易剥离。单个蒜头重 20~30g。

该品种从播种至收获约需 240 天。耐寒性较强，稍耐旱而不耐涝。薹质细嫩，香味浓郁，蒜薹辣味较重，以收蒜薹和蒜苗为主。

该品种在当地 9 月下旬播种，行距约 20cm，株距约 12cm。蒜薹 4 月收获，蒜头 5 月上旬上市，单产蒜薹 200kg/亩，蒜头 1000kg/亩。

23. 舒城大蒜

安徽省舒城县地方品种。该品种属于白皮蒜，中熟。植株高 80~90cm，全株 8~9 片叶，叶片深绿色，最大叶长约 46cm，宽约 3cm，表面无蜡粉。抽薹较早，味浓，品质优。蒜头扁圆形，纵径 4.5~5cm，横径 6cm，单头重 50g 左右。每个蒜头有 9~13 枚蒜瓣，蒜衣白色，蒜瓣大而均匀，辣味浓。

该品种宜作蒜头和青蒜栽培。在当地于 8 月下旬~9 月中旬播种，第二年 4 月下旬~5 月上中旬采收蒜薹，5 月下旬~6 月上旬收蒜头，生育期 240~260 天。

24. 隆回大蒜

湖南省隆回县农家品种，分布于邵阳地区及湘西地区。

株高63cm，叶片先端向上，叶片长披针形，浅绿色，蜡粉少，叶鞘绿白色。蒜头高圆形，皮紫红色，肉白色，单株重25～62g，单个蒜头重30～50g，每个蒜头有10～14瓣。

该品种早熟，不耐旱，耐热，较耐寒，抗病性强，青蒜及蒜薹在常温条件下不耐储藏。含水分少，香气浓，蒜头较耐储藏。品质较好。

该品种在当地9月上旬用蒜瓣点播。开定植沟播种，播后盖草，经常保持土壤湿润。第二年4月下旬～5月上旬收蒜薹，6月上旬收蒜头。

25. 东安大蒜

湖南省东安县地方品种，该省部分城市郊区有栽培。

株高55cm，开展度30cm，叶片长披针形，绿色，长50cm、宽2cm，叶片稍下垂，蜡粉少，叶鞘浅紫红色。假茎长10cm，粗1.3cm。蒜茎上部绿色，下部白色，长65cm，粗0.6cm。每个蒜头有8～12瓣。外皮白色稍带浅红色，蒜头高圆形，底平，单个蒜头重40～50g。中晚熟，耐寒、耐肥，不易散瓣。辛辣味较浓，水分少，香气浓，肉质细，品质好。

该品种在当地8月上旬～9月中旬播种。行距17cm，株距15cm，播种后用稻草覆盖。单产蒜薹200～300kg/亩，蒜头700～750kg/亩。

26. 茶陵紫皮蒜

湖南省茶陵县农家品种，湘中地区多有分布。

株高45～50cm，叶片长披针形，长42cm、宽2.4cm，深绿色，叶面有少量蜡粉，叶鞘绿白色。基部紫红色。假茎长12cm。蒜头扁圆形，上尖下大，紫红褐色。纵径4.2cm，横径4.8cm。单头重30～45g，每个蒜头有8～10瓣。蒜薹长50cm，粗0.8cm。

中晚熟，播种至收青蒜60～100天。到收蒜头需250～270天。植株生长势较弱，前期生长慢，春暖后生长快。耐寒性较弱，较耐热，耐涝性中等，不耐旱，抗病虫能力强。蒜薹脆嫩香甜，蒜头紧凑，瓣大匀称，辛辣味强，品质较好。

该品种在当地8月上旬～9月中旬播种。从11月～第二年4月可

收青蒜。5月上旬~6月上旬采收蒜薹，6月下旬采收蒜头。

27. 中牟大蒜（宋城大蒜）

河南省中牟县主栽品种，引进已有数十年，开封、郑州等地也有大量种植。

株高50~60cm，开展度25cm。叶为长扁条形，深绿色，蜡粉中等，叶背呈龙骨状，叶鞘绿白色，假茎粗1.7cm，蒜头扁圆形，外皮浅紫红色，纵径4.2cm，横径5~7cm，一侧内生小蒜头，鲜蒜头重80g左右，干蒜头重40~50g。每个蒜头有10~12瓣。该品种耐寒性强，不耐热。产量高，辣味淡，可生食、熟食或腌渍。

该品种在河南地区于9月上、中旬播种，平畦栽培，行距20cm，株距10cm，第二年5月上、中旬收获蒜薹，6月上、中旬收获蒜头。收获前15天应停止浇水，同时要及时收获，防止散瓣。蒜薹产量300kg/亩，鲜蒜头产量1300~2000kg/亩。

28. 嘉祥大蒜

山东省嘉祥县地方品种，栽培历史悠久，在本县及鲁西南部分地区种植。

在良好栽培条件下，株高50cm左右，叶半直立，长披针形，深绿色，中部以上大叶长35cm，宽2.2cm。鲜蒜头外皮灰紫色，鳞芽外皮浅紫色，蒜头平均重30~40g。蒜薹较发达，叶鞘以上、总苞以下的蒜薹长30cm，单根蒜薹重8~10g。

中熟，秋季播种到蒜头成熟255天左右。抗寒性强，耐热，蒜薹较细，品质较好。蒜头休眠期长，蒜头耐储性强，辛辣味浓，品质好。适合鲜食和加工。

该品种在山东主产区9月下旬~10月上旬播种，行距18cm，株距10cm。5月下旬收蒜薹，一般产量250kg/亩。6月上旬收蒜头，一般产量1200kg/亩。

29. 上高大蒜

江西省上高县农家品种，上高县主产，全省部分县有栽培。

株高62cm，叶长披针形，长约50cm、宽2.5cm，绿色。蒜头外皮紫色，纵径4.9cm，横径5.4cm，每个蒜头有蒜瓣8枚左右。有蒜薹，无复瓣。蒜头平均重约50g。中熟，生育期240~250天。耐寒性强，不耐热，耐储藏，抽薹性中等。辛香味较浓，叶肉肥厚，纤维少，品质优良。主要以青蒜熟食。

该品种应秋播越冬栽培。当地适宜播期为9月上旬~10月中旬。作青蒜栽培的，行距13cm，株距7cm。11月上旬~第二年3月采收青蒜，单产3000kg/亩，4月中、下旬收获蒜薹，单产250kg/亩。5月中、下旬采收蒜头，单产500kg/亩。

30. 都昌大蒜

江西省都昌县农家品种，都昌县主产，九江地区普遍栽培。

株高52cm，叶长披针形，长约43cm、宽3.2cm，深绿色。蒜头皮紫红色，纵径3.5cm，横径4.7cm，每个蒜头有蒜瓣约8枚。有蒜薹，无复瓣。蒜头平均重约30g。

晚熟，生育期260天左右。耐寒性强，耐储藏，抽薹晚。辛香味浓，品质优良。

该品种应秋播越冬栽培。当地适宜播期9月上、中旬。作青蒜栽培的，行距17cm，株距13cm，12月上旬~第二年3月采收青蒜，单产2000~2500kg/亩，4月中、下旬收获蒜薹，单产200~300kg/亩。6月上旬收蒜头。

31. 苍山大蒜

山东省苍山县地方品种，是山东省传统名特优蔬菜之一。苍山大蒜又分为三个品种。

（1）苍山蒲棵 属于硬秸大蒜品种类型，是目前山东省苍山蒜区种植面积最大的秋播品种，约占苍山县种植面积的90%以上。株高80~90cm，株幅36cm左右。叶色深绿，蒜头近圆形，皮白色，纵径3.5~4.0cm，横径3.5~4.5cm，有蒜瓣4~6瓣，大而整齐，蒜衣2层，稍呈红色，平均单瓣重3.5g左右，辛辣味浓。蒜薹长35~65cm，单薹重15~35g，一般每亩产蒜薹500kg左右，蒜头800~900kg。品质优，耐储藏。耐寒性较强，适应性强，生育期240天左右。

（2）苍山糙蒜 属于硬秸大蒜品种类型。株高75~80cm，叶色深绿；蒜头近圆形，皮白色，纵径3.5~4.0cm，横径3.5~4.5cm，有蒜瓣4~6瓣，大而整齐，蒜衣2层，稍呈红色，平均单瓣重3.5g

左右,辛辣味浓。蒜薹长35~50cm,单薹重15~35g,品质优,耐储藏。耐寒性较强,生育期235天左右。

(3) 苍山高脚子 属于硬秸大蒜品种类型。株高85~95cm,叶色深绿;蒜头近圆形,皮白色,纵径3.5~4.0cm,横径3.5~4.5cm,有蒜瓣4~6瓣,大而整齐,蒜衣2层,稍呈红色,平均单瓣重3.5g左右,辛辣味浓。蒜薹长35~70cm,单薹重15~35g,品质优,耐储藏。耐寒性较强,生长势强,生育期250天左右。

苍山大蒜在当地10月上旬播种,第二年5月中旬抽薹,6月初收获蒜头。

32. 哈密白皮大蒜

新疆农家品种,栽培历史悠久,巴里坤、伊吾县及哈密县均有栽培。

株高50~60cm,叶片长披针形,叶长40cm,宽2~3cm,叶色绿,蒜头外皮白色,蒜头纵径3.5cm,横径5~6cm,每个蒜头20瓣左右。有蒜薹,有复瓣。蒜头重50g。

该品种晚熟,春播生育期140~150天。耐寒性较强,耐热性中等,耐储性强,抽薹晚,辛辣味中等,品质好。鲜、熟食均可。

该品种在当地以春栽为主,4月中旬播种,行距20cm,株距8~10cm,9月上、中旬开始收获。

33. 呼沱大蒜

陕西省洋县农家品种,主要分布在本县境内。

株高66cm,叶为长披针形,长45cm、宽1.9cm,绿色;蒜头皮为白色,纵径3.5~4cm,横径4~6cm,每个蒜头有6~8瓣,有蒜薹,有复瓣。蒜头平均重30~40g。

中晚熟,生育期260天,耐寒性强,耐热性、耐储性、抽薹性均为中等,辛辣味浓,品质好。鲜、熟食及加工均可。

该品种在当地适宜播期为8月中旬~9月中旬,行距25cm,株距10cm,第二年6月中旬收获。蒜薹单产500kg/亩,蒜头单产1500kg/亩。

34. 留坝白蒜

陕西省留坝县农家品种,主要分布在本县境内。

株高44cm，叶为长披针形，长30cm、宽1.2cm，绿色，蒜头外皮为白色，纵径3cm，横径3.5cm，每个蒜头有8~9瓣，有蒜薹，有复瓣。蒜头平均重20~30g。

中晚熟，生育期250~260天，耐寒性、耐热性、耐储性、抽薹性以及辛辣味均居中等，品质一般。鲜、熟食及加工均可。

该品种在当地适宜播期为8月下旬~9月上旬。行距20~25cm，株距6~8cm。收获期在第二年6月上旬。蒜薹单产300kg/亩，蒜头单产500kg/亩。

35. 兴平白皮蒜

陕西省兴平县农家品种，主要分布在本县境内。

株高60~70cm，叶为长披针形，长40~50cm、宽1.5cm，叶色深绿。蒜头外皮为白色，纵径3.5~4cm，横径4cm，每个蒜头有7~9瓣，有蒜薹，有复瓣。蒜头平均重30g。

晚熟，生育期260~270天，耐寒性强，耐热性中等，耐储性强，抽薹晚，辛辣味浓，品质中等。鲜、熟食及加工均可。

该品种在当地适宜播期为9月上旬。行距20~25cm，株距8~10cm，第二年6月中、下旬收获。蒜薹单产300kg/亩，蒜头单产800kg/亩。

36. 陇县大蒜

陕西省陇县农家品种，主要分布在本县境内。

株高70cm，叶为长披针形，长40~50cm、宽1.5~1.8cm，绿色。蒜头外皮为白色，纵径3.5~4cm，横径5~6cm，每个蒜头有6~8瓣，有蒜薹，有复瓣。蒜头平均重30~35g。

中熟，生育期240~250天，耐寒性强，耐热性、耐储性、抽薹性均属中等，辛辣味浓，品质较好。鲜、熟食及加工均可。

该品种在当地适宜播期为9月中旬，行距25cm，株距8~10cm，收获期为第二年6月。蒜薹单产300kg/亩，蒜头单产1300kg/亩。

37. 太仓白蒜（粳蒜1号）

江苏省太仓县地方农家品种，主要分布在太仓及周边市、县、上海嘉定。

株高61cm，成株有叶10片。叶呈条带披针形，绿色，叶长

49cm,蒜薹粗壮,长49cm,横径0.71cm。蒜头近圆球,扁圆形,外被白色膜质鳞片,内有蒜瓣7~8枚,单个蒜头重52g。早熟。为青蒜、蒜薹、蒜头兼用品种,嫩鳞茎还可腌渍或加工糖醋蒜。耐寒性强,辛辣味浓郁,商品性优良。

该品种在江苏太仓县,一般施农家优质腐熟有机肥作基肥,深翻、整平,精选蒜种,合理密植,适时早播,一般于9月下旬播种,5月下旬,可收获蒜头。

38. 嘉定大蒜(嘉定白蒜、老脱须)

上海市嘉定区地方品种,有百余年的栽培历史,嘉定区娄塘乡一带大面积种植。

植株高60~80cm,较粗壮。叶片绿色,长剑形,叶长40cm,宽2~3cm,蒜薹长70cm左右,横径0.7cm。蒜头纵径3~4cm,横径4~5cm,蒜皮白色,蒜瓣肥大,7~8瓣。蒜头重75~100g。晚熟,生长期240~250天,生长势强,抗寒力强。蒜头品质好,色泽洁白,蒜瓣粗壮,排列均匀,肉质脆嫩,辛辣味浓。成熟后其须根自行脱落,故名老脱须。蒜苗、蒜薹及蒜头品种,供熟食、调味或加工。

该品种在上海地区于9月下旬~10月播种,用种量120kg/亩。5月上旬采收蒜薹,5月下旬~6月上旬收获蒜头。

39. 临颖大蒜

河南省临颖县农家品种,栽培历史悠久,属河南名特产品。

株高45~50cm,开展度20cm。叶为长披针形,深绿色,蜡粉多,叶背呈龙骨状,叶鞘绿白色,假茎粗1.2cm。蒜头扁圆形,外皮白色,纵径2.9cm,横径4.2cm,每个蒜头一般有4~6瓣,鲜蒜头重30g,干蒜头重16g。耐寒性强,不耐热,播种到收获蒜薹240天左右,播种到收获蒜头270天左右。产量较低,辣味浓,可生食、熟食或腌渍。

该品种在河南省中牟县一带于9月上、中旬播种,平畦栽培,行距20cm,株距10cm,第二年5月上、中旬收获蒜薹,6月上、中旬收获蒜头。

40. 金山火蒜(开平大蒜)

广东省开平市农家品种。主栽于广东省开平市、台山市。

植株高50~70cm。叶长披针形，长60cm、宽2.5cm，黄绿色，较柔软。假茎长约16cm，下部较粗，横径3cm，上部横径1.7cm，白色。蒜头扁球形，颈部细小，基部凹入，纵径4cm，横径6cm。鳞片较薄，白中带紫。每个蒜头有6~8瓣。

早中熟，生长期140~150天。耐寒，稍耐湿，不耐热。不抽薹，以收获蒜头为主。辣味浓，品质优。

该品种在当地播种期为10月中旬~12月上旬，收获期为3~4月。

41. 开原大蒜

辽宁省开原市地方品种，具有极早熟、生长快等特点，属于低温反应迟钝型品种。

株高89cm，开展度34cm，假茎长34cm、粗1.4cm。单株叶数10~11片，最大叶长60.5cm，最大叶宽2.7cm。蒜头近圆形，外皮灰白色带紫色条纹，横径4.7cm，平均单头重32g。每个蒜头有7~11瓣，分两层排列，平均单瓣重3.5g。蒜衣1层，暗紫色，易剥离。

该品种在当地行春播，于3月下旬播种，6月下旬~7月上旬收获蒜头，生育期100天左右。

42. 海城大蒜

辽宁省海城市耿家庄地方品种，又名耿庄大蒜。其具有极早熟、头大瓣少、品质佳等特点，销往黑龙江、吉林、内蒙古等省（自治区）及加拿大、罗马尼亚、日本等国，属于低温反应迟钝型品种。

株高75cm，开展度47cm，株型较开张。叶片浅绿色，叶面有蜡粉。蒜头近圆形，外皮灰白色带紫色条纹，平均单头重50g左右，最大的达100g。每个蒜头有5~6瓣，瓣形整齐，蒜瓣肥大，香辣味浓，捣出的蒜泥不易变味。宜作蒜头栽培。

该品种在当地行春播，于3月下旬播种，6月上旬采收蒜薹，7月上旬收获蒜头，生育期110天左右。每亩产蒜薹100kg、蒜头1000kg。

43. 临洮红皮蒜

甘肃省临洮县地方品种，为当地主栽品种，有临洮大麻蒜和

临洮红蒜两个品系，二者性状基本相似，属于低温反应迟钝型品种。

株高73cm，开展度28cm。假茎长度21cm、茎粗1.5cm。单株叶片15~16片，最大叶长57cm，最大叶宽2.8cm。可抽薹，但蒜薹短小。蒜头近圆形，外皮浅褐色带紫色条纹，横径4.5cm左右。平均单头蒜重30g左右，每个蒜头有12瓣，多者14瓣，分两层排列，外层蒜瓣数少但较大，平均单瓣重2.3g左右。主要作蒜头栽培。

该品种在当地行春播，一般于3月上中旬播种，7月中下旬收获蒜头，生育期约130天。

44. 土城大蒜

内蒙古自治区呼和浩特市和林格尔县土城子乡地方品种，属于低温反应迟钝型品种。

株高75cm，开展度30cm，假茎长15cm、粗1.1cm。单株叶数8~9片，最大叶长57cm，最大叶宽2.6cm。蒜头近圆形，外皮灰白色带紫色条纹，横径4.6cm，平均单头蒜重28g左右，大者达50g。每个蒜头有8~9瓣，一般分3层排列。

二 选育的优良品种

1. 宁蒜1号

黑龙江省宁安市农科所由当地农家品种紫皮蒜为材料，经辐射处理选育而成，于1990年通过黑龙江省农作物品种审定委员会审定。

植株生长旺盛，叶片呈条带披针形，绿色，较直立，株高65cm左右，抽薹时上冲，薹长42cm，后期蒜薹尖端下垂，蒜头纵径4.0~4.5cm，横径4.5~5.5cm，单头重45g左右，蒜头扁圆形，外皮紫红色。抗旱、抗病力强，耐储运，喜肥水，疏松肥沃沙性土壤，辛辣味浓，口感好，品质佳。生长期95~100天。

该品种在黑龙江省牡丹江地区一般于3月下旬或4月上旬播种。施足基肥深翻，整平、耙细后，可按大垄50cm，单条播，株距6cm；双条播，株距8cm。也可平畦平作，行距15cm，株距8cm栽种。7月中旬收蒜头。

2. 早薹蒜一号

由西北农林科技大学园艺系和山东农业大学园艺系选育。

株高75~80cm，最大叶长65cm，叶宽2.2cm。蒜薹直径为0.6~0.8cm，长55~65cm，蒜薹口感细腻、味甜，品质佳。鲜蒜头平均横径5cm，纵径3.5~4cm。外皮紫红色，每个蒜头有9~10瓣，瓣紧，单头重20~30g。

该品种为蒜薹、蒜头兼用的早熟品种。一般在8~9月，第二年4月中旬~5月初收获蒜薹，5月上中旬收蒜头。

3. 早薹蒜二号

由山东农业大学和西北农业大学共同选育的大蒜品种，于1997年通过山东省品种审定委员会认定。

植株生长势强，高75~80cm，假茎粗约1.8cm。单株叶片数12片左右，最大叶长约54cm，最大叶宽4cm。抽薹早、抽薹率高，可达100%，蒜薹长50cm左右，粗约0.9cm。蒜头近圆形，外皮灰白色带紫色条斑，横径4~5cm，单头蒜重30~35g，每个蒜头有7~8瓣，分两层排列。蒜衣2层，紫色，易剥离。

该品种适宜作早薹蒜和蒜头栽培，在陕西杨陵和山东泰安、成武、巨野等地9月中旬播种，第二年4月中旬采收蒜薹，5月中旬采收蒜头。生育期为240天。

4. 金蒜3号

由山东润丰种业有限公司从金乡紫皮变异株无性系选育成。

该品种生育期243天，株高约100cm，株型较大，假茎粗1.8~2.0cm；叶色深绿，总叶片数17片；蒜头外皮微紫红，高4.9~5.4cm，单头直径5.5~6.0cm，单头重70~80g；蒜瓣外皮紫红色，大小均匀，排列整齐而紧凑；单头瓣数外缘9~10瓣，内层3~5瓣。蒜薹直径约0.6cm，长度约70cm；抽薹率96.4%。

5. 鲁蔬白蒜

由山东省农业科学院蔬菜研究所育成的大蒜品种，蒜头全白皮品种。

株高75~95cm；蒜头近圆形，外皮白色，纵径3.5~4.0cm，横径5.0~6.5cm，单头重50~100g，每个蒜头有8~12瓣，大而整齐，有少许复瓣，肉质细嫩、辛辣味淡。蒜衣1层，浅黄色。

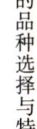

该品种具有耐热、皮白、耐储性中等等特点，适宜作蒜头栽培，在山东省适宜播种时间为9月下旬~10月上旬。生育期240天左右。

6. 鲁蒜2号

由山东省农业科学院蔬菜研究所育成的蒜头用大蒜品种。

株高80~95cm，茎较粗壮，叶片9~11片，绿且厚，叶长55cm，宽2.8cm。蒜薹收获期一致。薹色浅绿，长55~60cm，粗0.6cm。蒜头扁圆形，外皮白色略有微紫斑，蒜头横径5.5~6.5cm，每个蒜头有9~12瓣，1~2枚夹瓣，单头重60~100g。蒜衣1层，浅红色。

该品种具有抗病、耐退化等特点，适宜作蒜头栽培。在山东省适宜播种时间为9月下旬~10月上旬，生育期250天左右。

7. 成蒜早

该品种是成都市农业科学研究所从地方良种"二水早"中经多代选育而成的大蒜品种。

植株紧凑，株高约60cm，假茎长40cm左右，粗约1.3cm。单株叶数14片，叶色深绿，蜡粉多，叶长50cm，叶宽2.1cm左右。薹长约55.6cm，粗约0.7cm，薹色白绿。蒜头横径3.23cm左右，纵径约3.36cm，外皮紫色。每个蒜头有10~11瓣，蒜衣深紫色。

该品种是蒜薹和蒜头兼用品种，具有中早熟特性。在四川省最佳播种期为立秋到处暑，全生育期约199天。

第三节　大蒜优良品种选用原则与布局安排

一　优良品种的选用原则

1. 优先就地选择品种的原则

大蒜鳞茎膨大和抽薹都对生态条件有严格的要求，而且引种优良实践证明，一般大蒜品种的生态适应性不强。因此，生产中品种的选择首先应该因地制宜，优先考虑就地选用的原则，充分发掘地方名优大蒜品种资源。

2. 地理位置相近地区引种的原则

在当地优良品种资源不足，需要引进优良品种时，应该考虑从地理位置相近的地区引种，并且经引种试验筛选。地理位置包括纬度和海拔，纬度相近的地区，光周期相近；海拔相近的地区，气候条件比较相似，一般可以满足大蒜生长发育对环境的要求，引种和选用品种的成功率相对较高。

3. 根据生态型和生物学适应性选用品种的原则

由于长期生长在一个地区的品种，对当地或育种地的生态环境产生了一定的适应性，或形成了一定的需要，当引入其他地区种植时，有的适应性差的品种可能会因生长环境的改变而不能适应，因而表现不良。所以，在品种选择时要充分了解品种的生态适应性和生物学适应性，避免因盲目引种和未经引种试验而大面积使用新品种带来的生产损失。一般来说，选用来自生态型相近地区的品种容易成功，而生态型差异太大的品种引种容易失败。但是，也要注意通过生态型差异较大地区品种的引进和种植试验，发现异地品种的生物学适应性的特点，以充分挖掘适应性强的异地品种。

4. 根据生产目的选用品种

大蒜产品多样，每茬生产要收获的主要产品不同，品种选择应注意生产的主要目的。作青蒜苗栽培的应选择休眠期短、发芽和苗期生长快、叶色绿、质脆味浓的品种；以蒜头生产为主要目的的，应选择蒜瓣肥大、品质优良、休眠期较长的品种；以蒜薹生产为主要目的的，应选择抽薹率高、蒜薹粗细适中、品质鲜嫩、耐储运的品种。

5. 根据当地消费习惯选择品种

各地人口组成不同，消费习惯也有一定的差异。有的地区人们喜食红皮蒜，有的则喜食白皮蒜；有的喜食辛辣味浓的，有的喜食味道柔和的。品种选择时首先要考虑这一因素。当地销售的产品，品种要适合销售地人的消费习惯。

6. 实行品种搭配的原则

一个地区规模化生产时，应注意品种早、中、晚熟型的搭配，蒜薹、蒜头等不同用途品种的搭配，鲜食与储藏加工品种的搭配等，既有主栽品种，又有配套品种。

二 品种布局安排

1. 青蒜栽培品种布局安排

青蒜是以食用鲜嫩的大蒜假茎和叶片为主的。因此在品种布局安排上：要选择出苗快、苗期生长发育快、组织鲜嫩、叶色翠绿、外观商品性好的大蒜品种；要选择休眠期较短、易醒眠的品种，以便于炎夏栽培早秋青蒜，或选择休眠期长、耐储存的品种，以便早春栽培青蒜；要选择瓣数较多、蒜瓣壮实而营养储存充足的品种；要选择耐热抗寒，适应性、抗逆性较强的品种，供反季节青蒜栽培之用。如软叶蒜、三月黄、雪里青、都昌紫皮蒜、隆安红蒜、蔡家坡红皮蒜、衡阳早薹蒜、二水早、嘉祥大蒜、太仓白蒜、鲁农大蒜、宋城大蒜、徐州白蒜、金乡大蒜、临洮白蒜和白皮狗牙蒜等，以及当地名优青蒜品种。

2. 蒜黄栽培品种布局安排

蒜黄是青蒜软化栽培的结果，也是以食用大蒜的假茎和叶片为主的，不仅要求组织脆嫩，而且要求假茎洁白、叶色金黄。因此在品种布局安排上：要选择休眠期较短、醒眠早且快、耐热性较强的品种，以供秋季蒜黄栽培用；或选择休眠期较长、耐储存、抗寒性较强的品种，以供冬、春季蒜黄栽培用；或选择头大、瓣壮、出苗快且苗期生长发育快、株高、茎粗、叶肥厚宽大的品种。如前苏联红皮蒜、鲁农大蒜、徐州白蒜、金乡大蒜、嘉祥大蒜、太仓白蒜、来安大蒜、超化大蒜及当地名优蒜种。

3. 薹蒜栽培品种布局安排

薹蒜是以食用和加工脆嫩、粗壮的大蒜花茎（蒜薹）为主的。因此在品种布局安排上：要选择苗期生长发育快、生长势强、易通过低温春化阶段、抽薹早的中早熟品种，力争早上市；要选择营养优势强，蒜薹粗壮、脆嫩、色绿、耐储藏的中熟或中晚熟品种。如二水早、彭县中熟蒜、衡阳早薹蒜、早薹蒜二号、都昌紫皮蒜、来安大蒜、青龙白蒜、太仓白蒜、嘉定大蒜、苍山大蒜等，以及当地名优大蒜。

4. 蒜头栽培品种布局安排

蒜头是以食用和加工大蒜头为主的。因此在品种布局安排上：

要求选择营养体优势强、抽薹性较弱、蒜头大而圆整的品种；要选择瓣数不多且瓣形周正、较耐储存的品种；要选择抗逆性较强、蒜味浓香、蒜汁黏稠、蒜肉洁白有咬劲的品种。如前苏联红皮蒜、金乡大蒜、宋城大蒜、鲁农大蒜、嘉祥大蒜、嘉定大蒜、太仓白蒜、苍山大蒜、青龙白蒜等，以及当地名优头蒜。

第四章
大蒜高效栽培管理技术

第一节 大蒜栽培季节与茬口安排

一 栽培季节与播种时期

1. 大蒜栽培季节的确定

大蒜的栽培季节既取决于当地的气候和环境条件,也与品种的特性有关。另外,不同大蒜的生育期对温度有不同的要求,因此栽培季节的确定,要根据大蒜不同的品种,在不同的生育阶段对生长环境的要求以及各地区的气候条件来确定。

大蒜的栽培季节随南北各地气候的不同而有所差别。在北纬35°以南的地区,冬季不太寒冷,大蒜幼苗可以安全露地越冬,以秋播为主;北纬38°以北的地区,冬季严寒,幼苗不能自然露地越冬,秋播容易遭受冻害,以早春播种为宜;北纬35°~38°之间的地区,春播、秋播均可。长江流域一般进行秋播,由于秋播生育期较长,产量明显高于春播,所以如果温度环境允许,最好进行秋播。

2. 秋播大蒜的播种期的确定

秋播地区的大蒜播种期主要取决于外界温度和休眠特性。播种过早,大蒜没有度过休眠期,而且外界气温较高,不利于大蒜的出苗,种瓣在土中呼吸消耗较多养分。即使大蒜度过休眠期,过早播种,幼苗在越冬前生长过旺而消耗养分,易受冻害,降低越冬能力,还可能再次进行春化,引起二次生长,第二年形成复瓣蒜,降低大蒜品质和商品性。播种过晚,苗子小,组织柔嫩,根系弱,积累养分较少，抗寒力较低，不能确保壮苗越冬，越冬期间死苗多，影响大蒜的抽薹和蒜头的生长发育。所以大蒜必须严格掌握播种期。

从气候条件来说，秋播大蒜的适宜播种期一般为日均温度20~22℃的时候，北方地区这一时期出现在9月中下旬，长江流域这一时期出现在9月下旬~10月中旬。从蒜种休眠状况考虑，北方地区在越冬前有35~40天的有效生长期，使幼苗长出4~5片叶，因为此时植株抗寒力最强，露地可安全越冬；长江流域地区在冬前有60~75天的生长期，使幼苗长出5~7片叶时为宜。

由于日均温度降到7℃以下时，大蒜即停止生长，各地可根据当地气候往前推算播期，北方地区适宜播期一般在9~10月初，正如农谚所说："中秋不在家，端午不在地""七大八小九不栽，十月下种无蒜薹"（指农历）。据试验，从9月底~11月初，大蒜每迟播7天，单头蒜重平均减轻5.3g；11~12月间，每迟播15天，独头蒜率平均增加16%。

秋播地膜覆盖大蒜生长势强，可以适当晚播5~10天。播种过早，地温高，出苗慢，也容易烤苗。

3. 春播大蒜播种期的确定

春播大蒜的幼苗生长期明显缩短，所以在适宜的播种时期内，应尽可能早播，以延长生长期。一般在土壤解冻正处于"日融夜冻"时，就可以整地播种。具体时间应掌握地温达到3~6℃之间，这时播种，既可以完成低温春化过程，又能保证大蒜萌芽，保证萌发期根系发育，促进花芽和鳞芽分化，为蒜薹、蒜头生长打下基础。播种过晚，生长期短，且温度高，生长点不能通过春化，易形成独头蒜，降低产量。农谚"种蒜不出九，出九长独头"，形象地说明了春播大蒜播种过晚的后果。

春播大蒜，由于生育期短，花芽分化差，抽薹率低，蒜薹发育不良，产量低，甚至不能形成商品产量，因而蒜薹供应主要是从外地贩运。实际上，大蒜春播地区和秋播地区的划分是以露地冬季的气候条件为依据的，采用有效措施改变越冬条件，春播地区的大蒜也可以秋播，从而能较好地兼顾蒜薹和蒜头的生产。

另外不同品种的耐寒性和生育期长短存在差异，也需要考虑。我国大蒜产区栽培季节见表4-1。

表4-1 我国大蒜产区栽培季节表

地 区	播种时间	收获时间	主 产 区
北京	3月上旬~3月下旬、9月中下旬	6月中下旬	平原丘陵地区
天津	3月上旬~3月下旬、9月中下旬	6月下旬~7月中旬	平原丘陵地区
河北	3月上旬~3月下旬、9月下旬~10月上旬	6月中下旬	石家庄市辖区、唐山市、邯郸市、保定市、衡水市
山西	3月上旬~3月下旬、8月~9月中旬	6月下旬~7月中旬	太原市、长治市、运城市、临汾市
内蒙古	3月中旬~4月中旬	6月下旬~7月中旬	呼和浩特市区、赤峰市、通辽市
辽宁	3月中旬~4月上旬	6月下旬~7月中旬	沈阳市、大连市、鞍山市、锦州市、朝阳市
吉林	3月中旬~4月中旬	6月下旬~7月下旬	长春市辖区、四平市辖区、松源市、白城市
黑龙江	3月中旬~4月中旬	6月下旬~8月上旬	哈尔滨市、齐齐哈尔市、大庆市、绥化市
上海	9月下旬~10月上旬	第二年5月中下旬	平原丘陵区
江苏	9月下旬~10月上旬	第二年5月下旬~6月上旬	连云港市辖区、南京市辖区、徐州市辖区、宿迁市辖区、盐城地区（大丰和射阳，大丰主要在裕华镇，射阳在北边）
安徽	9月下旬~10月上旬	第二年5月下旬~6月上旬	合肥市辖区、蚌埠市辖区、芜湖市辖区
福建	9月下旬~10月上旬	第二年5月下旬~6月下旬	福州市、泉州市、南平市、三明市
江西	9月下旬~10月上旬	第二年4月下旬~5月中旬	南昌市、赣州市、九江地区、景德镇地区、宜春市
山东	9月下旬~10月中旬	第二年6月上旬~6月中旬	济宁市辖区、济南市辖区、潍坊市辖区、聊城市

(续)

地区	播种时间	收获时间	主产区
河南	9月下旬~10月上旬	第二年6月上旬~6月中旬	郑州市、开封市、驻马店地区、商丘市、周口市、南阳市
湖北	8月下旬~9月中旬	第二年5月上中旬	武汉市、荆州市、襄阳市、黄冈市、咸宁市
湖南	9月中旬~9月下旬	第二年5月上旬~5月下旬	长沙市、湘潭市、衡阳市、岳阳市、永州市
广东	10月中旬~12月上旬	第二年3月中旬~4月中旬	广州市、惠州市、佛山市、肇庆市、清远市
广西	10月下旬~11月上旬	第二年3月中旬~4月中旬	南宁市辖区、桂林市辖区、贺州市、柳州地区
海南	8月上旬~9月中旬	第二年4月	省直辖单位
重庆	8月上旬~9月中旬	第二年4月~5月上旬	平原丘陵区
四川	8月下旬~9月下旬	第二年4月上旬~5月上旬	成都市、泸州市、内江市、资阳市、南充市、德阳市、宜宾市、广安市
贵州	8月上旬~9月中旬	第二年6月中下旬	贵阳市、遵义市、铜仁市、凯里市
云南	8月上旬~9月中旬	第二年4月	昆明市、昭通市、玉溪市、红河州、普洱市
陕西	9月下旬~10月上旬	6月上旬~6月中旬	西安市、铜川市、汉中市、咸阳市、渭南市、安康市
甘肃	3月下旬~4月上旬	6月上旬~7月中旬	兰州市、天水市、庆阳地区、酒泉市、武威市
青海	3月中旬~4月中旬	6月下旬~8月上旬	西宁市、海中地区
宁夏	3月中旬~4月中旬	6月下旬~8月上旬	银川市、海中地区、银川市、吴忠市
新疆	3月中旬~4月中旬、10月中下旬	8月上旬~9月中旬	乌鲁木齐市、阿克苏市、喀什市、和田市

二 大蒜的茬口安排

大蒜忌连作，与葱蒜类蔬菜重茬，植株细弱，叶片变黄，产量降低，还容易遭受病虫害。农谚有"辣见辣，苗不发"的说法，就是这个道理。一般应相隔3～4年倒茬1次。

大蒜除了避免重茬外，对前茬选择不严格，在北方秋播地区大蒜以玉米、豆类、瓜类、番茄、马铃薯等为前茬比较好，春播大蒜以秋菜豆、南瓜、茄果类蔬菜以及棉花、豆类等大田作物为前茬为宜。大蒜喜肥，所以施肥量较大，根系的分泌物有一定的杀菌作用，是其他蔬菜的理想前茬。大蒜也可与玉米、棉花、药材及各种蔬菜间作和套种。

如果大蒜连作年限较长，会造成严重的重茬病害的发生。主要原因是大蒜与土壤中许多因素综合作用的结果，表现在以下几个方面。

1. 病原菌积累

随着大蒜连作年限的增加，残留在土壤中的根系、植株残体、病原物、虫卵等不断增加，大蒜根系分泌物和植株残体腐解物为病原菌提供了丰富的营养和寄主条件，从而助长了土壤病原菌及害虫的繁殖和生长。过量施用化肥，造成土壤板结，导致土壤中拮抗菌减少，给病原菌滋生提供了空间。长期施用化学农药使有益菌减少、病原菌产生抗药性，导致病原菌猖獗，数量猛增。

2. 自毒物质累加

大蒜体内普遍存在病毒，并且随着种植年限的增加，病毒不断累加，在生长过程中大蒜还会分泌一些对自身产生毒害作用的化感自毒物质，并通过地上淋溶、根系分泌物和残体分解物遗留在土壤中。随着大蒜连作年限的增加，这些自毒物质在土壤中的积累越来越多，从而抑制大蒜自身的生长。表现为生长势衰弱、抗逆性降低。

3. 营养失调

大蒜对土壤中矿质营养元素的需求种类及吸收比例有一定的规律，即大蒜对土壤养分的吸收是有选择的。大蒜长期连作必然造成土壤中某一种或几种营养元素的亏缺。在得不到及时补充的情况下引发缺素症。尤其是过量施用大量元素化肥，不注重中、微量元素肥料的施用，必然导致大蒜被动吸收，使大蒜体内各种养分比例失调，抗逆能力下降，抗病能力减弱，甚至造成生理病害。

第二节 蒜种选择与处理技术

一 大蒜品种选择

主要根据生产地区、大蒜的生态适应性、生产目的和市场需求等选择适合当地生产的大蒜优良品种。低温反应敏感生态型大蒜的鳞茎膨大对长日照要求不太严格，其不耐寒，主要分布在北纬31°以南的地方，在该区域秋季播种。品种主要有普宁大蒜、金山火蒜、金堂早蒜、新会大蒜等。低温反应迟钝型大蒜的鳞茎膨大对长日照要求严格，越冬期叶片生长缓慢，耐寒性强，多分布于北纬35°以北的地区，在该地区以春播为主，主要品种有山西紫皮蒜、土城大瓣蒜、开原大蒜、白皮狗牙蒜、临洮大蒜、阿城紫皮蒜等。低温反应中间型大蒜主要分布于北纬23°～39°的地域范围内，该类型品种较多，主要有改良蒜（前苏联蒜）、苍山大蒜、蔡家坡大蒜、徐州白蒜、嘉定大蒜、天津红皮蒜等。

二 蒜种的质量要求

蒜种要求具备品种自身的典型特征，纯度应该达到98%以上，水分不高于65%。蒜头圆整，蒜瓣肥大、色泽洁白，顶芽肥壮，无病斑，无霉变，无机械或虫蛀伤口，每瓣重量在3.3g以上。选用大、中瓣作为蒜薹和蒜头生产的播种材料，应剔除夹瓣和发黄、发软、虫蛀、顶芽受伤或茎盘发黄及霉烂的蒜头。种蒜瓣应该大小比较一致，播种时可按大、中、小分为3级，以便于分别管理。

"母壮子肥"，通常选用的种瓣越大，长出的植株越健壮。种瓣选择的大小对大蒜的生长和产量有密切关系，因此种瓣选择时种瓣的大小至关重要。大瓣种蒜内含营养物质多，播种后出苗早，粗壮，生长速度快，长成的植株高大健壮，抽出的蒜薹粗壮，蒜头大，产量高。而小瓣种蒜出苗细弱，生长较慢，叶片窄，即使多施几次肥，一般也难以达到大瓣种蒜的生长速度，因而产量较低。但是大瓣蒜种用种量大，投入多，成本高。而且在不同栽培管理条件下，种瓣

大小与大蒜二次生长有一定关系。因此应根据栽培管理条件以及收获的产品进行种瓣的选择，选择大小适合的种瓣，分级分开播种，使植株生长整齐一致，以便栽培管理。

三 播种前的蒜种处理

在大蒜播种前需要对种瓣进行一些处理，以促进萌芽发根，减少病虫为害。

1. 掰瓣去踵

掰瓣去踵应在临近播种前结合种瓣选择一起进行，不要过早，防止蒜瓣干燥失水，影响出苗。蒜瓣基部的干燥茎盘（茎踵）会影响吸水，妨碍新根的发生。在选择蒜种的同时要将茎踵剥掉，以利于大蒜发根和出苗（图4-1）。

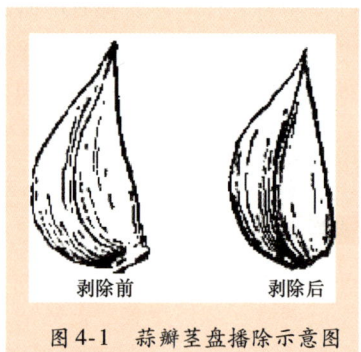

图4-1　蒜瓣茎盘播除示意图

> 【注意】　蒜种处理时不要剥蒜皮。去踵时不要损伤种瓣。同时，尽可能选用蒜皮为白色的蒜头，去除皮色为褐黄的蒜头。

2. 浸种处理

浸种属于可选用技术，其方法有温水浸种、液肥浸种和药剂浸种三类。浸种前先将蒜种晾晒2～3天，温水浸种是用40℃左右温水浸泡24h，期间换水2～3次，保持水温，捞出后晾4h左右即可播种。液肥浸种可增强种瓣活力，促进早萌发，植株生长健壮，具有显著的早熟增产作用。可在播前用0.3%的磷酸二氢钾溶液浸种6h，随浸随种。

药剂浸种可在种瓣传播和土传性病害严重的地区选用。药剂浸种可以结合液肥浸种一起完成，浸种液为 1000 份水 + 3 份 77% 硫酸铜钙（多宁）或多菌灵或代森锰锌或甲基托布津等杀菌剂 + 3 份磷酸二氢钾配制搅匀，将剥好的蒜种装入网袋中，浸入浸种液，将放入的种子袋上部压实，确保种子浸入药液中。

一般浸种 4~6h，不要超过 12h，捞出沥干。不能马上播种时或未播完时，应摊开晾放。此种浸种方法不仅出苗率高，生长健壮，生产量明显增大，而且能有效地抑制母瓣表皮内外多种病菌的滋生和蔓延，减少烂瓣，促进根系发育，从而有利于增产。

> ⚠ **【注意】** 浸过的蒜种只宜湿播，不宜干播。所以干旱且灌溉条件差的地区，播种前不宜浸种。若在干旱土壤中播种浸过种的蒜瓣，种瓣内外水势逆差，蒜瓣内水分将被土壤吸收而致失水，反而阻碍发芽生根，达不到催芽早发的目的。

第三节　土壤选择与整地技术

一　土壤选择

大蒜虽然对土壤的适应性较强，除了盐碱沙荒地外，均能生长。但是由于大蒜根系浅，吸收能力弱，对土壤有一定的要求才能达到优质高产的目的。适宜种植大蒜的土壤应该符合无公害产地环境条件的要求，尽管大蒜的适应性较强，但还是以土壤疏松、排水良好、有机质丰富的沙壤土为好。因为沙壤土疏松，适宜根系发育，抽薹早，蒜头大且辛辣味浓，起蒜容易。沙土保肥保水能力较弱，生产的蒜头小，但辣味强。黏重土壤生长出的蒜头小且呈尖形。另外，大蒜对土壤水分要求较严，既怕干旱，又怕水涝，因此，选择的地块应该具有良好的灌溉和排水条件。

二　整地、作畦与基肥施用

秋播的大蒜在前茬作物收获以后，如果距离播种时间较长，土壤处于板结的状态，要耕翻晒垡，翻耕深度一般在 10~15cm。翻耕

后晒垡，时间一般在15天以上。如果秋季天气干旱则应抢墒翻耕。通过传统的深耕晒垡，在一定程度上能起到既能保墒，又能增加土壤通透性的作用，可为大蒜吸收养分创造一个良好的生长环境。

现在由于旋耕机的应用，先旋地做到地面平整，土壤疏松，然后进行整地作畦。基肥应在耕翻之前施入。

春播大蒜的地块，要在冬前整地、施肥、翻耕、耙平，使之在冬季较好地经过冻融交替过程，以积蓄水分、杀死病原菌、疏松土壤。

大蒜的基肥施用量应根据大蒜的目标产量和形成单位产量的吸肥量等多种因素综合考虑。配合有机肥作基肥施用的化肥通常有过磷酸钙、氮磷复合肥、氮钾复合肥或三元复合肥等。在产量水平和施肥的基础上，一般要求每亩施标准氮肥75kg左右，氮肥的施用，要求2/3作基肥、1/3作追肥，磷、钾肥绝大部分作基肥施用。一般每亩施过磷酸钙30kg左右，缺磷的新蒜种植区可施到45kg，老蒜种植区土壤速效磷含量比较高，有机肥料的施用量又多时，可施用过磷酸钙15kg左右。大蒜因生长期长，群体密度高，需肥量大，一般亩施充分腐熟的优质有机肥如粪肥、厩肥等5000~8000kg或精制有机肥400~500kg。并配合施用50kg氮、磷、钾三元复合肥。

> ⚠ 【注意】 使用生肥，发酵时会烧伤大蒜根系，还会引起地下虫害，尤其是地蛆的严重发生。

基肥的施用方法：一是撒施，在土地翻耕前将肥料均匀撒于地表，然后翻入土中。撒施是施用基肥的一种常见方法，凡是植物密度较大（如水稻等），植物根系遍布于整个耕层，且施肥量又相对较多的地块，都可采用这种方法施肥。撒施的肥料必须均匀，防止肥料集结，以免植物生长不平衡。

地块经过耕翻、耙、耢之后，还要整地作畦。其目的主要是便于灌溉、排水、密植及管理。此外对土壤温度、湿度和空气条件也有一定的调节作用。作畦的形式，视当地气候条件（雨量）、土壤条件、地下水位的高低而异。常见的有平畦、高畦和垄等。大蒜在播种前需要精细整地作畦,地膜覆盖栽培的,为充分利用土地和便于田间管理,一般畦宽1.5~2m,畦长以能均匀灌水为宜。畦面要求平整,土壤上松下实,无明暗土块,无杂草,东西向为好。因为冬季日光入射角小,东西向畦能接受较多的阳光,有利于大蒜的越冬生长。

> **【提示】**
>
> 1)基肥施用的原则:一般以有机肥为主,无机肥为辅;长效肥为主,速效肥为辅;氮、磷、钾(或多元素)肥配合施为主,根据土壤的缺素情况,个别补充为辅。
>
> 2)基肥的施用量:基肥的施用量应根据植物的需肥特点与土壤的供肥特征而定,一般基肥使用量应占该植物总施肥量的50%左右为宜。质地偏黏的土壤应适当多施,相反,质地偏沙的土壤适当少施。

三 播种方法

"深栽葱浅栽蒜"。大蒜播种一般适宜深度为3~5cm。大蒜播种方法有两种:一是插种,即将种瓣插入土中,播后覆土,踏实;二是开沟播种,即用锄头开一浅沟,将种瓣点播土中。开好一条沟后,同时开出的土覆在前一行种瓣上(图4-2)。播后覆土厚度2cm左右,用脚轻度踏实,浇透水。为防止干旱,可在土上覆盖两层稻草或其他保湿材料。

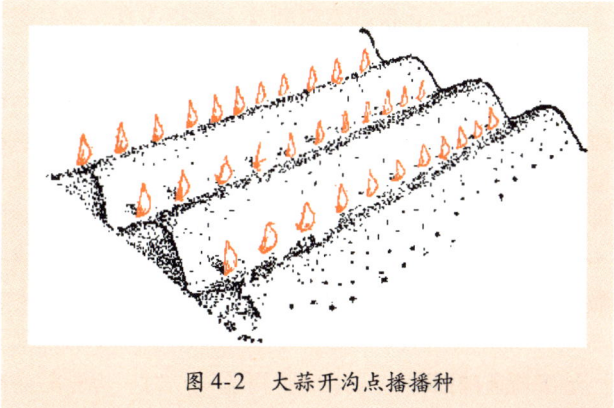

图4-2 大蒜开沟点播播种

> ⚠️ 【注意】 栽种不宜过深，过深则出苗迟，假茎过长，根系吸水肥多，生长过旺，蒜头形成受到土壤挤压难于膨大；但栽植也不宜过浅，过浅则出苗时易"跳瓣"，幼苗期根际容易缺水，根系发育差，越冬时易受冻死亡。

秋播的大蒜，以畦作为主，便于灌冻水和越冬管理。畦宽1.5~2m，东西向延长。春播的大蒜，既可垄作，也可畦作，畦作一般可做1.5~2m宽的畦，畦作可适当提高种植密度，提高单位面积产量，但地温低，幼苗出土慢，鳞茎发育膨大时受到的土壤压力大。

南北畦向能更好地接受阳光，应尽量采用南北畦向。

大蒜播种方法因做畦方式不同而不同，有平畦播种、高垄播种、地膜覆盖畦播种等。

(1) 平畦播种 有开沟点播和打孔点播2种方法，最常用的是开沟点播法。开沟点播法就是从畦的一侧按一定行距，用角锄或耧子逐条开5~6cm深的浅沟，在沟内按计划株距整齐一致地摆放大蒜种瓣，播后顺手覆土，整畦播完后再用耙子适当镇压，并顺地表耧平。

打孔法就是在平畦做好耧平后，用耙子在畦内打孔，按计划株行距，用"蒜踏"打孔播种。蒜踏齿长10cm左右。齿距即是株距，播种时打孔深6~7cm，孔粗以能顺利放入种瓣为宜，播后将孔盖土填实。

(2) 高垄播种 有先做垄后播种和先播种后做垄2种方法。先做垄后播种，即按整地时做的垄，在垄上按行距开2条沟，沟内按株距点播后覆土。先播种后做垄，即在整地时只将地面整平不做垄，播种时先按宽、窄行开沟。宽行距离40cm，窄行距离20cm，沟深1.5cm，按株距将种瓣摆在沟中，然后在宽行的两侧取土覆盖蒜种，做成高垄。原来的宽行变成了垄沟，原来的窄行变成了高垄。

(3) 地膜覆盖畦播种 采用地膜覆盖栽培时，无论是高畦还是平畦，最常用的方法是先播种后覆盖地膜。采用开沟点播或打孔点播，然后覆土盖地膜。

> ⚠️ **[注意]** 播后地面要平整，土壤细碎，地膜要拉紧、铺平、周围压严实，并在萌芽出土时随时检查，及时放苗出膜。一般若覆盖的地膜质量好，约80%的幼苗可自行顶出地膜，不能顶出地膜的应及时用小细铁钩或小竹签破膜放苗，以防灼伤。山东一些地方的蒜农，在出苗阶段，每天上午用新扫帚的软梢轻轻拍打膜上畦面，使蒜芽顶破地膜，这样比较省工，而且对地膜的损伤小，膜的完整性好，能更好地发挥地膜的效应。

大蒜播种时应尽量避免种瓣受损伤。土壤板结坚硬或开沟深度不够时，应重新开沟或挖穴播种，切勿捏住种瓣顶部用力往土里按，以免挤压损伤种蒜而影响出苗。

畦作单位面积产量高，鳞茎膨大受土壤阻力较大，个体略小。垄作时，地温升温快，土壤的耕作层厚，土壤疏松，大蒜出土快，鳞茎膨大时所受土壤的压力小，蒜头大，品质好。但单位面积上的株数少，产量低。

无论采用哪种播种方法，为了达到苗齐、苗壮，应掌握以下几点。

1）播种沟深浅一致，蒜瓣大小一致，覆土厚薄尽量一致。沟的深度要根据蒜瓣大小作适当调整，大蒜瓣和比较长的蒜瓣，沟可稍深；短而小的蒜瓣，沟可稍浅。原则是蒜瓣顶部距土面的距离（即覆土厚度）平畦为2~3cm，高垄及高畦为4cm左右。

覆土过浅，灌水时种瓣容易被冲出土面，造成缺苗，或生根后种瓣被抬出土面（俗称"跳蒜"）或离土面很近，越冬期易受冻害而缺苗，鳞茎发育期易受日晒及高温的影响，使蒜皮硬化，影响鳞茎发育，而且蒜头外皮发红，降低蒜头质量。若覆土过深则造成出苗缓慢，而且鳞茎发育期受土壤压力大，鳞茎不能充分膨大，产量降低。

2）播种沟底部的土壤应当是疏松的，摆蒜时将种瓣轻轻按入松土中，不可用力往硬土中按，以免损伤蒜瓣茎盘的发根部位，造成缺苗。

3)摆蒜时,应将蒜瓣背腹连线与播种行的方向平行,则出苗后植株叶片的分布方向就与播种行的方向相垂直。这样可以减少叶片间的重叠,使叶片能接受更多的阳光,以增加光合产物的积累。

四 大蒜播种密度的确定

合理的栽培密度是达到大蒜优质、高产、高效的关键措施之一,在确定栽培密度时,应考虑到品种特点、种瓣大小、播种期、土壤肥力程度和栽培方式等因素。

播种时种瓣的大小不同,其播种密度也应有所不同。大的种瓣营养丰富,播种后根系发达,植株生长旺盛,假茎较粗,叶片数较多,单株叶面积大,蒜头产量也较高,因此需要较大生长空间,所以大瓣种可适当稀植;小瓣种所需栽培空间较小,可适当密植。

生产产品目的不同,栽培密度也不同。一般以产蒜薹为主的大蒜品种适宜密度为每亩4万~6万株,行距14~17cm,株距7~8cm,每亩用种量为150~250kg;以产蒜头为主的大蒜品种适宜密度为每亩2.8万~3.3万株,行距18~20cm,株距12~15cm,每亩用种量为125~150kg;以蒜薹和蒜头兼收的大蒜品种适宜密度为每亩2.8万~3.5万株,行距16~18cm,株距12~13cm,每亩用种量为150~250kg。生产独头蒜播种密度一般为每亩6万株左右。

早熟品种一般植株较矮小,叶数少,生长期也较短,密度相应要大,以亩栽5万株左右为好,行距为14~17cm,株距为7~8cm,亩用种150~200kg。中晚熟品种生育期长,植株高大,叶数也较多,密度相应小些,才能使群体结构合理,以充分利用光能。密度宜掌握在亩栽4万株左右,行距16~18cm,株距10cm左右,亩用种150kg左右。

土壤贫瘠、肥力差的地块,植株长势差,蒜头较小,可适当增加种植密度;土壤肥沃的地块,植株生长强,蒜头较大,可适当稀植;株型开展的品种播种适宜稀植,株型直立紧凑的品种播种适宜密植;同一品种地膜覆盖栽培应比不覆盖栽培密度小。

> **【提示】** 密度不但影响蒜薹和蒜头产量,而且对质量也有影响。密度太高时,蒜头变小,蒜瓣平均重量下降,小蒜瓣比例增多,单位面积产量虽然有可能提高,但蒜头和蒜瓣质量下降。密度太低时,单株蒜薹和蒜头发育较好,蒜头增大,蒜瓣平均单重增加,但由于单位面积的株数减少,单位面积产量随之下降。

第四节 大蒜田间高效栽培管理技术

前面已经介绍过大蒜的生长发育过程,分为6个时期,其中5个时期是在田间度过的。各生育期有其自身的规律,对环境条件的要求也不同。生产者必须根据不同生长发育时期的特点来确定其田间管理方案和具体栽培措施。

一 萌芽(出苗)期管理

大蒜播种时,不同品种间出苗期有很大差异,少则7天(金堂早蒜、前苏联红皮蒜、软叶蒜),多则20多天(陇县蒜、苍山大蒜、上海嘉定蒜、太仓白蒜等)。在此期间田间管理的中心任务是保证土壤中有充足的水分和氧气,为蒜瓣的萌发出土创造条件,达到早出苗、苗全、苗齐的目的。土壤干燥的,播种后立即灌水使蒜种与土壤密接,并供给萌芽所需要的水分。出苗前如果土壤表面板结的,可轻灌一水;但出苗前土壤也不宜太湿,否则会因缺氧造成烂根、烂母、闷芽等情况。所以,播种后如遇大雨、田间积水时,应及时排水。

春播蒜出苗前除注意解决水汽矛盾外,还应尽量提高地温以利于早出苗。所以栽种时覆土不宜过厚,浇水量不宜过大,但如覆土过浅,或浇水量少,底土坚硬,幼苗出土时容易发生蒜种"跳瓣"。如果发生跳瓣时,需要根据具体情况采取不同的做法:覆土过浅时应及时上土,水少土硬时要浇水。幼苗出土以前,地面板结的,只能浇水而不能中耕过锄,以免锄伤芽鞘,影响幼苗出土。

为防除蒜地杂草,可在播种后出苗前施用化学除草剂。可用33%二甲戊乐灵乳油250mL/亩,在播种后出苗前喷于畦面,然后将

畦面轻耙一遍，使药液混入土壤中，以增强除草效果。地膜覆盖栽培的，播种后浇一遍水，喷除草剂于畦面，然后再铺地膜。

二 大蒜幼苗期的田间管理

秋播大蒜和春播大蒜幼苗期所处的环境条件不同，幼苗期的田间管理也应有所区别。

1. 秋播大蒜幼苗期管理

秋播大蒜不同品种间幼苗期的长短有很大差异。幼苗长势的强弱关系到花芽和鳞芽能否正常分化，所以幼苗期长短不同的品种，在追肥和灌水时期的掌握上也应有所区别。幼苗期短的极早熟品种和早熟品种在苗出齐后便可开始追肥和灌水，中、晚熟品种可在3叶期和越冬前各施1次追肥。

秋播大蒜的幼苗期一般是在冬季度过的，田间管理的中心任务是培育壮苗，确保幼苗安全越冬。措施是幼苗长出2~3片叶后，施提苗肥，每亩追施尿素10kg。施肥后随即灌水，然后中耕松土，蹲苗，使根系下扎，防止过早烂母。土壤封冻前，浇灌越冬水。有条件的地区可在灌越冬水后覆盖草粪或豆叶，保墒保温，以利于幼苗安全越冬。

2. 春播大蒜幼苗期管理

春播地区大蒜的幼苗期，不同品种间也有差异。例如在沈阳，开原紫皮蒜的幼苗期为28天左右，而白皮狗牙蒜的幼苗期为30天左右。幼苗期蒜苗生长所需营养主要来自母瓣，所以田间管理的中心任务是防止提早烂母。栽培措施是及时锄地，防止土壤板结。锄地的原则是："头遍深，二遍跟，三遍四遍不伤根"。当幼苗有2~3片展叶时锄头遍。这时根系向下扎，横向分布范围小，深锄不会伤根，同时可疏松土壤，提高地温，有利于根系发展和去除杂草。锄头遍后隔4~5天再锄一遍。以后由于大蒜根系横向分布的范围加大，应浅锄，避免伤根。

⚠️ **【注意】** 幼苗期不宜灌水过多、过勤，否则土壤湿度大、温度低、透气性差，会导致提早烂母，对根系发育不利，同时会降低幼苗抵抗春寒的能力。

三 大蒜鳞芽和花芽分化期的田间管理

在鳞芽和花芽分化发育期内，种瓣中的营养物质随着幼苗的生长而逐渐减少，由开始腐烂直至完全消失（烂母）。不同品种间烂母的时期也有差异。例如，秋播地区于9月下旬～10月上旬播种的苍山大蒜，第二年3月中下旬烂母；而同期播种的前苏联红皮蒜则于当年1月间烂母。春播地区的大蒜，如开原紫皮蒜，沈阳地区于4月上旬播种，播后1个半月左右烂母。所以，田间管理还要考虑当地所栽品种的烂母期。烂母期早的品种，要适当提早追肥和灌水。进入鳞芽和花芽分化发育期后，已分化的叶片加速生长，假茎继续增粗，根系生长量加大，对肥、水的吸收量逐渐增加，特别是对氮和钾的吸收量迅速增加，所以水、肥的及时供应至关重要。水、肥供应不足或不及时，会妨碍鳞芽和花芽的分化发育。

秋播大蒜于第二年返青后，结合灌水施返青肥，每亩施尿素20kg或氮、磷、钾复合肥15kg，为幼苗返青后的旺盛生长提供充足的水分和营养，促进鳞芽和花芽分化。秋播大蒜中的极早熟和早熟品种及南方冬季比较温暖的地区，可提早追肥和灌水。

春播大蒜的鳞芽和花芽分化发育期较短，烂母期也较短。追肥、灌水等田间管理要相应提前，如果延误时机或水、肥供应不足，则会影响鳞芽和花芽的分化发育，不但抽薹率降低，还会增加独头蒜的比例。

四 大蒜花茎伸长期的田间管理

从花芽分化结束到蒜薹采收，这一生育期的长短与品种习性和温度有密切关系。

秋播大蒜花芽分化结束期一般在早春，此时温度低，所以花茎的伸长开始很缓慢。早熟品种一般当旬平均气温上升至5℃以上，中、晚熟品种一般当旬平均气温上升至10℃以上时，花茎伸长加快，对肥、水的需求量随之增加。花茎伸长旺盛时期，也是植株营养生长的旺盛时期，对氮、磷、钾的吸收量继续迅速上升。采收蒜薹时，平均日吸收量达最高峰。所以，花茎伸长期田间管理的重点是抓紧

追肥和灌水，以满足花茎生长的需要，并为蒜头的膨大打下基础，防止蒜头肥大期缺肥及植株早衰。

田间管理措施是，当蒜薹"露尾"（总苞尖端伸出叶鞘）时，施"催薹肥"，结合灌水每亩施氮、磷、钾复合肥20~30kg。以后的时期土壤要经常保持湿润状态。采收蒜薹前3~4天停止灌水，以免蒜薹太脆采收时折断。

春播大蒜花芽分化结束后，温度呈持续上升趋势，所以花茎伸长较快。另外，由于鳞芽的分化结束期与花芽的分化结束期相近，在花茎伸长加快时，鳞芽的增长也加快，当蒜薹露尾时蒜头已开始膨大，需水需肥量大，更要抓紧追肥和灌水。

五 大蒜鳞茎膨大期的田间管理

采收蒜薹后，叶片的生长基本停止，鳞茎膨大进入旺盛时期，2周后开始枯黄脱落，根、茎、叶的生长逐渐衰退，植株生长减慢，日平均吸收的氮、磷、钾量明显减少。这一时期的管理重点是保护叶片、根系少受损伤，防止早衰，尽量延长叶片寿命和根系寿命，使之继续维持其制造养分和吸收养分的功能，同时促进养分向鳞茎的转移，使蒜头肥大。

具体管理措施是，采薹时尽量少伤叶片，在蒜薹采收后，及时灌催头水，以后用小水勤灌。在鳞茎膨大期间，要经常保持土壤湿润，以降低地温，促进蒜头肥大。所谓"要长蒜，泥里陷"就是这个意思。但是也要根据土壤和天气情况而定，土壤黏重的，不宜浇水过勤，沙土和沙壤土的可多浇水。蒜头收获前5~7天停止灌水，防止因土壤太湿造成蒜头外皮腐烂、散瓣、不耐储藏。结合灌催头水，可根据土壤肥力和前期施肥情况，在肥力不足时追施催头肥，每亩施速效化肥尿素10~15kg、硫酸钾5~10kg或硫酸铵15~20kg。同时，也可叶面喷施0.2%的磷酸二氢钾。

> 【提示】南方在鳞茎膨大期常遇多雨天气，土壤湿度大，容易引起散瓣，影响蒜头质量，应注意开沟排水，降低土壤含水量。

第五节　大蒜地膜覆盖栽培管理技术

覆膜栽培所生产的鳞茎头大，整齐，无畸形，蒜薹和蒜苗也显著优于露地蒜，经济效益显著提高。实践证明，大蒜地膜覆盖增产效果明显，覆盖地膜能改善大蒜生长的微环境条件，促进大蒜的生长发育，从而达到早产、高产的目的。

同时大蒜地膜覆盖栽培也为秋播大蒜解决了晚茬大蒜成熟晚、产量低、质量差以及北方干旱地区用水量大等问题。由此，大蒜地膜覆盖栽培在国内，特别是北方地区迅速普及起来。

一　大蒜地膜覆盖栽培的优点

1. 改善根系土壤环境条件

地膜覆盖后，在冬前可提高5cm处的地温2~3℃。因此，加速了大蒜冬前幼苗的生长，使秧苗健壮，抗寒力强。加上冬季地温较高，故越冬时因低温冻死率大大减少。第二年春天，由于地温比不覆盖地膜的高，大蒜幼苗返青早，生长快，为丰产奠定了良好的基础。

地膜不透水，覆盖后降低了土壤水分蒸发量，有利于保墒防旱。所以大蒜进行地膜覆盖后，可以减少浇水次数，土壤湿度适宜，早春避免了浇水造成地温降低的问题，为植株生长创造了良好条件。地膜覆盖后增强了土壤保水保肥力，提高了养分利用率；保持了土壤疏松，防止了浇水过多发生的地面板结，有效地改善了土壤环境条件。

2. 促进大蒜的生长发育，减轻病虫害的发生

由于环境条件的改善，大蒜地膜覆盖条件下，植株生长健壮，根系发达，叶面积大，抗病性增强。大蒜进行地膜覆盖后，地膜阻挡了种蝇向蒜根周围产卵，减少了根蛆为害。地膜覆盖也抑制了杂草的发生和为害。

3. 促进大蒜早熟，提高大蒜产量

由于地膜覆盖的温度效应，所以大蒜地膜覆盖栽培后，抽薹期可提前6~10天，成熟期提前5~8天。早熟为早腾地创造了条件，

可有效地调节下茬作物的栽培期。利用地膜覆盖后，蒜薹和蒜头产量都得到了明显增加。春播大蒜利用地膜覆盖后，也有增产效果。但由于没有冬前的良好效应，故增产效果不如秋播大蒜大。

二 地膜覆盖的方法

地膜覆盖一般有三种方法，一是播种后浇水及时盖膜法，即大蒜播种后浇水，待水渗下后，喷洒除草剂后覆盖地膜；二是播后浇水、苗长3~5叶后盖膜法，即提前播种、浇水、喷洒除草剂，待温度降到16℃左右时盖膜；三是先盖膜后播种法，即将地膜盖好后，根据株行距用尖头木棍或铁棍等打孔，深2~3cm，随后点种覆土，此方法适于播种晚的蒜田，是提高地温的一项措施。

三 栽培管理要点

北方秋播地区地膜大蒜管理要点见表4-2。

表4-2 北方秋播地区地膜大蒜管理要点

时 间	管理技术	操作要点
9月下旬	选择良种	种蒜选择与处理：种蒜是大蒜幼苗期的主要营养来源，其大小、好坏，对产品器官形成的影响很大，蒜瓣越大，长出的植株越健壮，所形成的蒜头越肥大。因此，收获前要选头，播种时要选瓣。选择标准是：蒜瓣肥大，色泽洁白，顶芽肥壮，无病斑，无伤口的蒜瓣。每亩大田需蒜种150kg左右
9月底~10月上旬	施足基肥	实施配方施肥：亩施优质厩肥3000~5000kg或腐熟的饼肥50~100kg，尿素20kg，磷酸二铵30kg，硫酸钾30kg或15-18-12硫酸钾配方肥75~100kg，生物有机肥100kg，或用25%~30%的生物型有机—无机复混肥120~150kg，有条件的农户可亩增施2kg锌肥、1kg硼肥
	土壤处理	每亩用敌克松或多菌灵等进行土壤消毒，防治土传病害；亩用敌百虫粉0.5~1kg或阿维菌素等防治蒜蛆等地下害虫
	精细整地	前茬作物收获后，抢茬耕翻，耕深达到20~25cm，耕后纵横耙细、耙平，使耕层松透，保好墒情，以利于栽种

（续）

时 间	管理技术	操作要点
9月底~10月上旬	种子处理	70%吡虫啉悬浮种衣剂（高巧）50mL，兑水1~1.5kg，拌蒜种100~150kg，在阴凉处晾干即可播种，或用20%噻菌酮（龙克菌）悬浮剂80~120倍液，浸泡30~50min，或用77%硫酸铜钙（多宁）可湿性粉剂按种子量的0.2%拌种，把拌好的蒜种倒入编织袋内，闷6~8h，第二天播种，可有效防治大蒜根腐病
	适时播种	大蒜播种适温为12~16℃，土壤5cm深处地温18℃，时间为9月底~10月10日为适宜播种期
	合理密度	行距16~18cm，株距10~14cm，每亩株数应保持在3万株左右。切勿播种过密或过稀，以免影响产量和商品品质
	科学播种	畦子宽度要根据种植方式而定，一般畦面宽2.2m，畦高8~12cm，耙细耧平。播深以3cm为宜，栽的深浅、行距、株距要均匀。同时要定向播种，即播种时蒜瓣的弓背面与腹面连线应同行向一致，以确保大蒜叶片在田间分布均匀，避免相互遮光，这样有利增产和田间管理
	合理浇水 化学除草 地膜覆盖	播种覆土后，用耙子轻轻耙平，然后浇透水，但水量不宜过大。播后3~5天内，每亩用45%二甲戊乐灵150mL，兑水50~70kg，防除杂草，喷药后随即覆盖地膜，地膜要拉平，贴紧地面，缝隙要压严
10月中旬~12月上旬	苗期管理	播后7天，幼芽开始出土。在芽未放出叶片前，用扫帚等轻轻拍打地膜，蒜芽即可透出地膜。地面平整、播种质量高、地膜拉得紧的，通过拍打，70%~90%的蒜芽可过地膜，少量幼芽不能顶出地膜，可用小铁钩及时破膜拎苗，否则将严重影响幼苗生长，也易引起地膜破裂
	越冬管理	出苗后视土壤墒情和出苗整齐度可浇1次小水，以利苗全，打好越冬基础。若发现有蒜蛆危害，应及时用阿维菌素或辛硫磷、毒死蜱灌根。并根据墒情，可于11月上中旬浇越冬水，必须浇透，越冬水切勿在结冰时浇灌。越冬期间应特别注意保护地膜完好，防止被风吹起

69

(续)

时　间	管理技术	操作要点
第二年2月中下旬	防倒春寒	"惊蛰"前，气温上升，蒜苗开始返青，在返青前后可喷1次植物抗寒剂，以防倒春寒对大蒜的伤害。到春分后，大蒜处在"烂母期"，易发生蒜蛆，注意加强防治
3月下旬~4月初	防治葱蝇	防治葱蝇和种蝇，每隔7~10天喷药1次，连喷2次。从4月下旬开始防治大蒜叶枯病、灰霉病等，每隔10天左右喷药1次，提薹前喷药2~3次
4月下旬	防治病害	发生大蒜叶枯病、灰霉病等，可用50%扑海因可湿性粉剂1500倍液，或64%杀毒矾可湿性粉剂500倍液、或58%金雷多米尔可湿性粉剂500倍液防治。每隔10天左右喷1次，提薹前喷药2次以上较好
4月底~5月初	浇水追肥	在"清明"以后，待温度稳定后，浇1次透水，结合浇水亩追施高氮、高钾冲施肥20kg，并喷施高效叶面肥。注意提薹前1周要停止浇水，以利于提薹
5月上旬	蒜薹收获	当蒜薹弯钩呈大秤钩形，苞上下应有4~5cm长呈水平状态（称甩薹）；苞明显膨大，颜色由绿转黄，进而变白（称白苞）；蒜薹近叶鞘上有4~6cm变成微黄色（称甩黄）时进行收获。采薹宜在中午进行，以提薹为佳，注意保护蒜叶
	膨大期管理	提薹以后，随之浇水1次，至收获前根据天气浇水1~2次，保持地面湿润，满足大蒜后期对水分的需要，并喷施1次防病药物，同时喷施叶面肥，巩固防治大蒜病害效果，确保大蒜丰收
5月中下旬	防治虫害	蒜蛆：结合浇水，亩冲施50%辛硫磷乳油1kg或48%毒死蜱0.5kg
	蒜头收获	一般采薹后18天左右收获蒜头，即当蒜叶枯萎，假薹变干变软，如果把蒜秸在基部用力向一边压倒地面后，有韧性，此时可以收获。收获后立即在地里用叶盖住蒜头晾晒3~4天，注意防止淋雨

第六节 大蒜收获与采后处理技术

一、蒜薹收获与采后处理技术

1. 蒜薹收获时期的确定

蒜薹采收时期不仅影响蒜薹的产量和质量,而且还与蒜头的产量和质量有密切关系,因此蒜薹长成后应及时采收,终止大蒜蒜薹生长及花苞中气生鳞茎生长所需的营养供应,使植株的养分向蒜头运输。但采薹时期过早或过晚对蒜薹的产量、品质和储藏影响较大,采薹过早,蒜薹短细,产量低,品质差,而且太嫩的蒜薹在储藏过程中容易失水萎蔫;采薹过晚,不但会消耗植株过多的养分,蒜薹的纤维组织含量增多,组织老化,降低了蒜薹的营养和食用价值,同时也会影响蒜头的产量,而且在储藏过程中蒜薹变黄、中空老化、薹梢干黄等症状。因此要适时、及时采收蒜薹。

合适的蒜薹采收时期,应遵循蒜薹的形态标准:蒜薹顶部弯曲如"称钩"状,总苞下部变白时为蒜薹最佳收获期,即总苞开始膨大,颜色由绿变白,成为白苞。另外蒜薹采收时期还应根据栽培目的灵活掌握,以蒜薹提早上市为目的时,可在蒜薹顶端(不包括总苞部分)高出最后一片叶的叶鞘口7cm、蒜薹顶部未弯曲时采收;以提高蒜薹产量为目的时,可在蒜薹高出最后一片叶鞘口15cm左右,上部向下弯曲时采收。

采收时要尽量避免叶片或叶鞘倒伏,以免影响养分的制造和输送,降低蒜头的产量。蒜薹拔出以后,折倒上部的第一片叶子,覆盖住露口,防止雨水进入叶鞘内,使伤口腐烂,影响植株的生长和蒜头的膨大。

2. 蒜薹采收方法

蒜薹采收前3~5天停止浇水,选择在晴天上午以后或中午以后采薹,因为这时植株经过上午的蒸腾失水后,有些萎蔫,韧性增加,脆性减少,蒜薹容易采出而不易折断。双手提薹,手抓住蒜薹在顶叶的出口处,用力均匀向上拔,即可顺利抽出。对难提的品种,抓薹的位置应略微下移,带1片叶,或用手在蒜薹基部捏

一下，即可抽出。采收蒜薹的方法有扎抽法、拉抽法、夹抽法、划抽法四种。

(1) 扎抽法 将木条或竹条先端一侧以刀削一凹口，在凹口中心处嵌入一半截大针，断面一端在灯上烧红砸扁，呈小铲状，宽约2mm，长1cm多，凹口处针尖部露出2～3mm，采薹时左手握总苞下部，拉直蒜薹，右手在假茎基部近地面处，以针铲横向垂直刺入，切断蒜薹，即可抽出，个别难抽者，则在叶片一侧（俗称"小面里"），用原工具凹处针尖在假茎梢部2～3个叶鞘顶端划开，以便顺利抽出。

用此法抽采的蒜薹肥嫩，无划伤，断面齐，质量高，且上市早，所以商品价值也高；此法蒜薹采后大蒜假茎不倒伏，叶片完整，蒜头产量高。

(2) 拉抽法 即提拉采抽法，蒜薹长成后，在晴天中午前后，至下午2:00～3:00采薹，左手紧握在总苞下面，拉直蒜薹，右手握在总苞下部趁劲猛提，即可迅速抽出。该法适用于假茎口松、薹细的大蒜品种。

此法抽采的蒜薹，毫无损伤，断面齐，质量高，且简便省工，但断薹率较高，采收的蒜薹长短不一，商品整齐度差，且蒜薹产量降低。但蒜薹采后大蒜假茎不倒，叶片及叶鞘无损伤，可提高蒜头产量。

(3) 夹抽法 用桑树、柳树等有韧性的如指粗的枝条，长40～50cm，中段用刀削去大半木质部，将两头折回，便做成有一定弹性的蒜夹子。通常待蒜薹打弯时，左手握总苞下面拉直蒜薹，右手拿蒜夹子，在距地面2～3片叶片以上假茎处，用力夹一下，此处薹质脆嫩，使蒜薹断裂而假茎不断，再用两手抽出蒜薹。这个部位以下组织老化，不易抽出，即便抽出，商品性也差。

此法蒜薹产量高，断薹率低，蒜薹产量高，而且蒜薹无损伤，适合储藏。但稍费工，且薹断茬不齐。

(4) 划抽法 在陕西又叫"豁秧子"。用一根直径约1.5cm、长约15cm的木棒，先端一侧刻一半圆形槽，在其中钉一个短而尖的钉子或嵌入一半截针，针尖外露2～3mm，采薹时以左手握总苞下部拉直蒜薹，右手将木棒对准距地面3~4片叶片处，即在假茎无叶分布的一侧俗称"大面里"，以针尖刺入叶鞘，迅速向上划至梢部，此时叶鞘部全划开，然后用右手将蒜薹基部折断，连带顶叶1~2片一起抽出。

此法在天气不好时仍可进行，其抽采速度较快；且不易断薹，蒜薹整齐且长，产量高；但蒜薹上有一道纵向划痕，商品性差，易腐烂，不耐储运；此法最大缺点是采收后叶鞘被破坏，引起假茎倒伏，叶片很快干枯，影响蒜头膨大，导致蒜头产量低。

3. 蒜薹收后处理

采收蒜薹后去掉包裹蒜薹的叶鞘，剪去基部纤维化部分，剔除伤、烂、薹苞过大、过细的蒜薹。打捆时薹苞对齐，用软质绳捆系，每捆0.5~1.0kg，捆系后摆放在阴凉处。堆放高度不超过1m，应防止日晒、雨淋。捆好后的蒜薹可以装袋，为尽快进入储藏保鲜做好准备。

二 蒜头收获和收后处理

1. 蒜头的适宜收获时期

一般蒜薹收获后18~20天，植株基部叶片大部分变黄干枯，只有上部3~4片绿色叶片，但叶片色泽灰绿色；假茎变软，外皮干枯，大蒜植株达到这一形态特征时为蒜头最佳收获期。蒜头收获前3~5天停止浇水，收获蒜头的早晚对蒜头的产量和品质影响较大，过早收获，蒜头嫩而水分多，组织不充实、不饱满，晾干后易干瘪，产量降低，质量较差；收获过晚，蒜头容易散头，收获时蒜瓣易散落，而且蒜皮易出现灰色或霉变，失去商品价值，因此要适时收获蒜头。当然，如果市场价格较高，也可提前收获，以获得较高经济效益。

2. 蒜头收获方法

收获时为减少蒜头损伤，最好用铁叉或铁锹轻轻一掘，松动土壤，然后即可用手拔出。山东金乡县农民自制挖蒜工具（图4-3），其省时省力。收蒜时要轻拿轻放，避免磕碰，以免蒜皮、蒜瓣受到机械损伤。出口蒜头可以在起出蒜时，在田间随即去泥，削去须根。

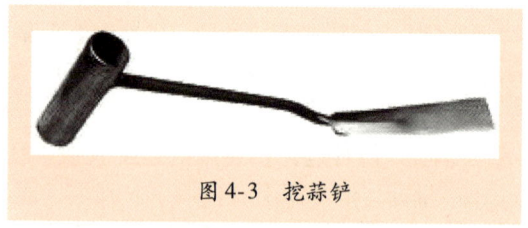

图4-3 挖蒜铲

3. 蒜头机械化收获简介

我国大蒜的收获主要依靠人工来完成，生产效率较低，劳动强度较大，与农业的现代化及发展新型农业都很不匹配。但是市场上也有一些可以机械化收获的农机具可供利用。大部分只能将大蒜连根拔起，切茎、蒜须等工作仍然需要二次加工。部分收割机只能将大蒜挖出，还需要人工一颗颗拾起来，再运到地头，机械化程度较低，工作效率较低。也有一些收割机能完成拔根、切茎、运送等工作，但是蒜头的切割质量和蒜头泥土的处理质量不是很高。

4. 蒜头收后处理

起出的蒜头可以在田间晾晒，必须将后一排的蒜叶搭在前一排的蒜头上，一排排摆放好，只晒叶不晒头。在晾晒过程中，蒜叶、假茎中剩余的养分还可缓慢地流向蒜头。在田间晾晒2～3天后，运到通风避光等凉爽处，将蒜头捆把、编成蒜辫或堆成垛，将蒜叶朝里，蒜头朝外，码成直径1.5m、高1.5m的圆垛，这样有利于蒜皮内剩余的养分流向蒜头，使蒜头更加充实，硬度更大，重量增加。如果遇雨要加盖防雨膜，待蒜头外皮干燥失水呈膜状时，即可剪去蒜秧，将蒜头装篓或网眼袋进行储藏或外运。

第五章
蒜苗与蒜黄高效栽培技术

第一节　青蒜（蒜苗）高效栽培技术

青蒜（蒜苗）是大蒜的青苗，是以鲜嫩翠绿的蒜叶和洁白嫩脆或白嫩透红的假茎作为食用器官的重要蔬菜，也可作为调味品，一年四季均可生产和应市。由于生长季节和上市时间有所不同，北方有立冬前上市的早蒜苗和早春上市的晚蒜苗；南方有9月中下旬上市的火蒜，10月下旬～12月下旬上市的秋冬蒜，1～2月上市的春蒜及4～5月上市的夏蒜4种类型。其中北方的早蒜苗和晚蒜苗分别相当于南方的秋冬蒜和夏蒜，通常有露地栽培和保护地栽培两种形式。

一、青蒜（蒜苗）露地高效栽培技术

1. 选茬、整地与基肥施用

栽培青蒜一般以蔬菜、瓜类、豆类和麦茬作为前茬，北方早蒜苗的前茬是小麦、豌豆、早黄瓜、西葫芦、早菜豆及冬莴笋等，晚蒜苗与常规栽培大蒜的茬口基本相同。南方火蒜的前茬多为夏蔬菜、叶菜、瓜类和豆类，秋冬蒜和春蒜与常规栽培茬口相同。

青蒜适宜密植，需肥量较大，生长期短，要在短时间内生长发育成较大的个体。青蒜根群主要分布在浅耕作层，养分吸收范围小。因此，青蒜栽培需要充足的肥水条件，且要长效肥与速效肥相结合，并以后者为主，施足基肥，促其地上部分快速生长，这样才能获得

优质、高产的青蒜。在耕翻整地之前,每亩施腐熟厩肥 4000~5000kg,三元复合肥 25~30kg 作为基肥。

在前茬作物收获后,及时施基肥、深翻、耙碎整平,然后开沟做畦,一般畦宽 2m,埂宽 30cm、高 20~30cm。一般北方干旱地区做成平畦,南方雨涝地区做成高畦。

2. 品种选择与蒜种处理

(1) 品种选择 早青蒜栽培应选用休眠期短、萌芽发根早、幼苗生长快、假茎粗而长、叶片宽大肥厚、蜡粉少、黄叶和干尖现象轻、抗病性强的早熟品种。晚青蒜栽培品种选择范围较广,不受早熟性限制,可与当地大蒜主栽品种相同。在天气炎热的南方所选用的大蒜品种需要具有耐高温、耐干旱的特点,而在高寒地区选用的大蒜品种需要具有耐寒性的特点。目前,适合秋播地区的品种有软叶蒜、彭县早熟蒜、二水早、普陀蒜、蔡家坡红皮蒜、耀县红皮蒜、云顶早蒜、陆良蒜、嘉定白蒜、太仓白蒜、徐州白蒜、苍山大蒜等;适合春播地区的品种有白皮狗牙蒜、格尔木白皮蒜、阿城紫皮蒜、阿城白皮蒜、土城大瓣蒜、土城小瓣蒜、海城大蒜等。

(2) 蒜种处理 主要包括剥瓣分级、打破休眠和药剂处理等几个方面。

选择头大、排列整齐的蒜头,剥下蒜瓣,去除茎踵,然后根据分级标准,将种瓣分成三级(一级单瓣重 4~5g,二级单瓣重 3g,三级单瓣重 3g 以下)播种。这样能保证种蒜出苗整齐,便于管理,分批采蒜苗上市。早青蒜生产与蒜头和蒜薹生产相结合时,将大瓣和中瓣用于蒜头和蒜薹生产,小瓣蒜留作青蒜生产。

早青蒜播种早,播期在 7~8 月的夏季高温季节,此时蒜种的生理休眠期尚未结束,若不经过特殊处理直接播种,发芽会缓慢,甚至有些种瓣由于长期不发芽而腐烂,导致出苗不整齐,即使出苗后植株生长也不健壮。因此需要人为打破休眠,这样可以早播早出苗,促进生长生育进程,从而早收获、早上市。打破大蒜休眠的方法有以下几种。

1)低温冷凉处理。在播种前 20 天左右,将选好的种瓣放在清水中浸泡 12~18h,捞出沥干水,铺放在温度 10~15℃的山洞、防空洞、窑洞或地窖的潮湿地面上，土壤潮湿程度应以手捏成团、落地即散为宜，若土壤湿度不够应先洒水。铺放厚度为7~10cm。每隔3~5天翻动1次，使蒜种受湿均匀，发根整齐。在冷凉湿润的条件下，经20~30天，大部分蒜瓣长出白根，此时即可播种。催芽时先用杀菌剂如70%多菌灵1200~1500倍液或75%百菌清500~700倍液喷洒洞的四周消毒，然后再均匀喷施在蒜种上，用量以潮湿而不滴水为宜。

有条件的也可采用冷库等进行低温催芽。将种蒜先用清水浸泡12h，捞出沥干水，放在冷库里；经0~5℃低温处理20~30天即可打破休眠，促其生根发芽。在冷储过程中要经常翻动蒜种，并适度淋水，使其温、湿度均匀，出苗整齐一致。

2) 用清水浸泡蒜种24h，然后平铺放在潮湿的地面上，上面盖一层湿草进行催芽。

> 【提示】 种蒜进行催芽时最好结合药剂处理，可以更好地防止病害发生。

3. 适期播种、合理密植

适期播种是为了使青蒜提早上市，延长市场供应时间，获得较高经济效益。栽培时期根据不同地区的气候条件而有所不同。北方秋播蒜区分两个时期播种：①早蒜苗（夏末初秋播种），一般在7月下旬~8月上、中旬播种，10月上旬~11月上旬上市；②晚蒜苗（秋播），一般在9月上旬前后播种，"元旦"后陆续上市。南方青蒜可分四个时期播种：①火蒜，在7月下旬~8月上旬播种，国庆节前开始上市；②秋冬蒜，8~9月播种，10月陆续上市供应至"春节"；③春蒜，9月下旬~10月播种，"元旦"开始上市供应至春季2~3月；④夏蒜，第二年春季2月上中旬播种，4月~5月上市。春播地区的早青蒜播种以土壤解冻为限，一般在3月中下旬~4月上旬播种；晚青蒜在5月下旬~6月中旬播种，在深秋至冬初上市。

青蒜的播种密度应根据播种时期、品种特点、蒜瓣大小和生长期长短等来确定。一般早青蒜生长期较短，播种密度应高些，晚青蒜的生长期长，可适当稀植。种瓣小的应密植，种瓣大的适当稀植。

早青蒜一般行距为 10~12cm，株距 3~6cm，每亩 12 万~16 万株。晚青蒜一般采取宽行密植，如行距可以为 15~20cm，株距 3~5cm，每亩 10 万株左右。如果青蒜的栽培密度稀，产量就会降低，栽培密度增高不仅使青蒜产量高，同时因竞争阳光促使青蒜向上生长，假茎增长，植株脆嫩质量好。

4. 播种方法

南方火蒜和北方早蒜苗播种时正处于高温季节，播前应先将畦面浇水充分，待表土疏松时即可播种，且播种要浅些，以利于出苗。第二天清晨再浇水，上面撒一薄层熟土后盖一层 3cm 左右厚麦秸，以利于保墒降温，接着搭架遮阴，能有效地保持土壤水分，降低地温，防止雨水冲击，确保出苗生长。

秋冬蒜和春蒜及北方的晚蒜苗播种期较晚，不受高温干旱气候的影响，播种时开沟浅播，覆薄层熟土，浇足底水后，再盖一层 3~5cm 厚的麦秸、玉米（高粱）秸秆或稻草等。夏蒜同北方的春播蒜一样播种。

青蒜播种一般有以下两种方法。

① 直插法：下雨后或浇水后土壤湿润时，先把蒜种撒到畦内，然后按一定株行距和方向摆放种瓣，并将种瓣轻轻按入土中，深度以蒜瓣顶端与地面平齐。播种时种瓣的背腹连线与行向平行，而且相邻两行蒜瓣交错栽种。这样出苗后叶片就向行间伸展，可以充分利用空间接受阳光，增强叶片光合作用。利用这种播种方法省工，播种质量高，生长的青蒜顺直，商品性好。

② 开沟播种法：用锄头等开沟器按一定的行距开浅沟，将蒜瓣按一定的株距和方向（方向同直插法，背腹连线与行向平行）点播在沟中，播后用耙子背平沟，覆 2cm 左右的土，浇透水。

> ⚠ 【注意】 一般青蒜开沟播种的适宜深度为 3~5cm。栽种过深，根系吸收水肥多，生长旺盛，但是出土缓慢，整齐度差，采收期不能集中；栽植过浅，出苗时容易出现"跳瓣"，幼苗期根际容易缺水，根系发育不良，影响生长。

5. 田间高效管理技术

（1）苗前管理 种瓣播种后，为促进其早发芽，快出苗，确保苗齐、苗全、苗壮，必须抓好遮阴降土温、浇水增墒和病虫草害防治等工作。

大蒜出苗温度要求较低，高温下出苗慢且差，容易烂种，故火蒜播后的畦面除盖秸草外，还要搭弧形棚架遮阴，棚架高60~100cm，上面覆盖草帘或遮阳网。遮阳网成本较低、经久耐用、通透性好、管理方便。覆盖物要坚持每天白天（除阴天外）覆盖夜晚揭除，暴雨时盖上以防冲刷，直至出苗为止（8月底9月初）。畦面盖的麦秸不必揭除，待青蒜采收后可翻入土中培肥土壤。

火蒜、秋冬蒜和北方的早蒜苗在播种出苗阶段，正值高温干旱季节，虽采取覆盖遮阴措施，但土壤水分蒸发量仍很大。故在播后苗前，要求每隔2~3天浇小水1次，直至齐苗为止。火蒜浇水要求每天趁早、晚凉爽时进行，尽量浇冷水，直至出苗。每次浇水要适量，不能使土壤过湿，否则在高温烈日下容易引起烂种、蒜苗发黄，影响青蒜的产量和质量。因此，浇水要轻浇、勤浇。

> 【提示】 火蒜和北方的早蒜苗易在烈日高温高湿条件下引起烂种，故在播种后结合浇水，每亩施25%多菌灵可湿性粉剂1kg，可有效控制烂种现象。

（2）苗后管理 火蒜在齐苗至采收前，需浇2~3次水，每次每亩追施尿素5~10kg。第一次在齐苗后，第二次在苗高7~10cm时，最后一次在采收前7~10天，苗高15cm左右时。每收割一刀都要浇水并追施少量尿素。如果基肥足，并不断追肥，可延续收割至"春节"。

秋冬蒜待幼苗2~3片叶时，结合浇水每亩追施尿素2.5kg，以促早发、快长、健壮。在深秋要注意防治蒜蛆为害。

春蒜在肥水管理和蒜蛆防治上基本同秋冬蒜，应在越冬前浇1次防冻水，然后覆盖稻草或圈粪，也可以扣小拱棚。返青后，及时浇返青水和返青肥，并追施1次返青肥，可每亩施尿素15kg左右，以促进青蒜的快速生长，获得高产优质的青蒜。

北方的早蒜苗在齐苗后，先浅锄地，后追施提苗肥。结合浇水每亩追施尿素10~15kg，以后视苗情及时追肥浇水。在蒜苗基本出

齐、叶片还未展开时，先浇提苗水1次（要求浇足浇透，直至收获前不再浇水），待水渗下后，撒盖1层5cm左右厚的沙土或腐熟的厩肥、碎草等；如果蒜苗生长健壮，可覆第二次土，促使蒜白（叶鞘）不断伸长生长。晚蒜苗同秋播蒜一样管理，并注意做好冬季防寒保暖等工作。

6. 采收技术

青蒜的采收可以根据市场行情或需要陆续分批进行，一般当蒜苗具有4~5片嫩叶、苗高20cm以上时就可以采收。在气温适宜、肥水条件良好的情况下，播种后50天左右即可采收。

青蒜收获时通常使用挖收法。一次连根挖起，去除根部泥土和下部黄叶后，扎成小捆上市。采收较早的青蒜也可以用割收法，第一次采收就像割韭菜一样收割蒜苗，具体方法是在离地面1cm处用刀割苗。刀割一茬后，待刀伤愈合后及时追施适量尿素，养好下茬青蒜。第二次采收时再用挖收法，连根挖起。

二 青蒜（蒜苗）设施高效栽培技术

在北纬38°以北地区，露地秋冬不能进行青蒜生产，需要在保护设施内进行栽培。青蒜设施栽培方式主要有日光温室、拱棚、塑料阳畦和利用地热线加温的温床等栽培。小规模青蒜栽培可利用温室后墙部分或其他空地，放置木箱、竹筐等进行青蒜种植；大规模青蒜栽培可在温室内作畦专门生产青蒜，或在温室内搭架进行立体栽培。无论采用哪种方式，都需要掌握以下技术要点。

1. 栽培品种的选择

青蒜为密植栽培，因此应选择蒜头大、蒜瓣多而均匀、休眠期短、生长迅速、假茎长、不易倒伏、叶片肥厚的品种，如苍山糙蒜、永年白蒜、白马牙蒜等。

2. 播种时期的确定

由于在设施保护地条件下可以创造出青蒜生长所需的适宜条件，从而生长较快，生长期短，且能随时播种，因此一般按市场需求时间播种，可以根据青蒜收割的第一刀时间向前推1个月左右。

一般从9月上旬至春节前后播种，可以生产4~5茬蒜苗（表5-1）。

表 5-1 设施青蒜栽培播种收获时期

播种时期	收获上市时期	生 长 期	收割次数
9月上旬	国庆节、中秋节	40~60天	2~刀
10月中旬	11月上旬~下旬	20~40天	1~2刀
11月末	12月中下旬	20~35天	1~2刀
1月初	1月底	25天左右	只割1刀
1月底	春节前后	20~25天	只割1刀

3. 整地施肥、作畦（床）

在温室或拱棚大规模栽培，需要整地作畦，通常先施足基肥，每亩施用充分腐熟的农家肥5000kg、硫酸钾20kg、三元复合肥50~100kg，再将地深翻，使肥料与土充分混匀，做成1.5~2m的畦。

在温室搭架进行立体栽培时，可以用木杆、砖、塑料薄膜、铁丝等材料在温室前、中、后搭架成床。根据高度可搭2~3层架床，在搭好的架床上铺一层6cm左右厚的秸秆，其上覆一层塑料薄膜，以防止漏水，膜上铺7cm左右厚的营养土。

4. 蒜种选择与处理

播种前先进行选种。剔除受伤、发病、发霉、有虫伤等的蒜头、蒜瓣。将选好的种蒜剪去蒜的假茎和须根，剥去部分外皮，露出蒜瓣，放在凉水中浸24h左右，然后去掉茎踵，抽掉残存的花茎，准备栽种。可以按蒜头或蒜瓣的大小分级，分别栽到不同畦或栽培床的不同部位，以便出苗整齐。必要时需要进行浸种和低温催芽，以打破休眠，促进发芽出苗（具体方法参见青蒜露地高效栽培技术）。

5. 播种方法

青蒜设施栽培的播种方法有蒜瓣条播密栽法和蒜头密栽法两种。

（1）蒜头密栽法 将整个蒜头紧密地排列在栽培床（种植畦）上，蒜头之间的空隙用散蒜瓣填充，播种时蒜头要排列整齐，顶部要平齐，摆完后覆盖3~4cm厚的沙壤土，并拍实压平。

（2）蒜瓣条播密栽法 按一定株行距在畦内开沟摆蒜。具体方法是：用锄头或小型开沟机械开一浅沟，将种瓣按同一方向（同青蒜

露地高效栽培开沟播种法）点播沟中。将蒜瓣按大、中、小分级，分别种植在不同的畦中，一般畦宽120~150cm，株行距为（3~4）cm×（13~15）cm，或株行距为5cm×6cm，播种深度一般为3~4cm，播种后覆土2cm左右，踏实后浇透水。

6. 播种后管理

（1）温度管理 青蒜生长的适宜温度为18~22℃，设施保护栽培要经常保持棚膜清洁，提高透光性，增加热量来源，保持棚内温度。出苗前要保持稍高的温度，一般白天在25℃左右，夜间在18℃左右，床温维持在20℃左右，以促进早发芽；出苗后为了使青蒜生长健壮，白天温度保持在18~22℃之间，夜间在16℃左右；收获前5天温度可降低，白天温度为16℃左右，夜间温度为12~14℃。

温度控制要严格，若温度过高超过26℃，蒜苗会因生长快而叶尖细、黄绿，严重时叶失水萎蔫，导致蒜苗质量差，产量低；若温室温度低于15℃，蒜苗生长缓慢，导致叶易黄尖，影响产量和质量。若白天和夜间温度一致，蒜苗虽然生长较快，但是叶色较浅，产量也不高。

（2）肥水管理 青蒜从栽种到收割需浇3~4次水。栽后即浇1次透水；当苗出齐，达6~9cm高时，在畦面撒2cm厚细沙，浇第二次水；收割前3~5天浇第三次水，浇水量逐次减少。如果青蒜连续收获，第一次收割后在苗床覆细沙，待伤口愈合长出新芽后再浇水。

青蒜生长期间一般不追肥，苗期间隔7~10天，叶面可喷施0.1%磷酸二氢钾或0.2%~0.3%尿素水溶液。

7. 采收

温室架床式设施栽培青蒜，如果温度、水分管理得当，栽种20~30天，蒜苗高30~35cm时便可收割头茬，每平方米可收15~20kg。如果不安排收第二茬，采收第一刀要深割，以稍带蒜瓣为度；准备收第二茬的，第一刀要轻，不能伤及蒜瓣，可在离蒜头顶部1cm左右处收割，以免影响下茬蒜苗生长。收后及时覆盖沙土，可在割头刀后，再经20多天，蒜苗高达30cm时割第二刀。蒜苗头刀收割1~2天，待出新芽后再浇水，以便伤口愈合，防止腐烂。割蒜苗时间最好在早晨，早晨割蒜苗产量高，质量好，便于及时供应市场。

温室或塑料拱棚畦栽的青蒜,可以陆续分批挖收,一般在苗高30~35cm、具有4~5片嫩叶时收获。

> 【提示】
> 1)青蒜苗喜肥,尤其是农家肥、有机肥,兼施化肥,肥水充足时,产量更高。
> 2)适当培土可增加青蒜假茎长度,提高产品质量。
> 3)青蒜主要依靠种瓣积累的养分生长,如果积肥充足,生长期可不必追肥。

第二节　蒜黄高效栽培技术

在无光或半遮光条件下,创造适宜的温度和湿度条件,对大蒜进行软化栽培。利用蒜头中的储藏养分,生产出来的叶片长而软、组织柔嫩、茎白、叶色从浅黄到金黄、味香鲜美的特色"蒜苗"称为"蒜黄"。

蒜黄生长期短,从栽种到2~3刀收获完成不足2个月,从栽种到收获头刀只需20多天。蒜黄生产属于高密度集约化栽培,栽培技术简单,不需要光照,只要有水,管理好温度就能进行生产。蒜黄栽培对生产方式、设施、场所要求不高,栽培规模灵活,可以充分利用空闲地和空间进行生产。产品极少施用化肥和农药,可以说是一种名副其实的无公害蔬菜产品。

一　品种的选择

蒜黄的产值较高,应该选择大瓣、休眠期短的品种,以求发芽快、生长健壮、产量高。生产经验证明,用山东泰安、聊城等地的大头白皮蒜栽培,蒜黄产量较高,而且辣味适中,适合大多数人的口味;用河南的白皮马牙蒜、北京的紫皮蒜和马牙蒜栽培,蒜黄虽然长得粗壮,但产量低,味辣,口感差。

二　蒜种处理方法

选种时应选用蒜头大、蒜瓣大而硬实,大小均匀、无病虫害、

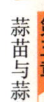

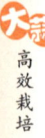

未受冻及损伤的蒜头作种蒜,并剔除冻、烂、伤、弱的蒜瓣。

播前用20~25℃的温水浸泡24~36h,使蒜种吸水膨胀,然后剔除蒜头的茎盘和底盘,再将蒜头置于20℃下催芽,刚出芽即可播种。

三 栽培方式及其栽培关键技术

蒜黄主要在冬春低温季节栽培,凡是有一定温度条件的场所均可进行。多采用保温性能较差的塑料大棚、小拱棚、风障畦、空室、菜窖,或在有流水的河滩地、泉水地旁进行。

1. 温室、大拱棚蒜黄栽培关键技术

(1) **整地作畦** 为了充分利用大棚内的空间,可根据具体情况做成多层床架式苗床。每层床架相距70~90cm,基部为高20cm的种植苗床。在床底平铺碎秸秆,上覆10~12cm厚的营养土,营养土由7份菜园土、7份细沙、2份有机肥配制成。

也可以在棚内建地下蒜黄栽培池,一般挖深60cm左右(地温稳定,易于掌控),长和宽依据设施条件而定,池底要平整,铺上1层塑料薄膜,薄膜四周要向上高出床面20cm并固定在墙上,膜上放6cm厚的沙子或沙壤土;也可建设地上蒜黄栽培池,用砖砌60cm高,地面夯实后放6cm厚的沙子或沙壤土;也可不建池而选用菜地或空地,直接整畦栽培。

(2) **播种要点** 在设施条件下,蒜黄可在9月上旬~第二年4月下旬连续不断地播种和收获。在适宜条件下,从播种到收获只需18~25天,可根据上市期来确定播种期。

播种时将蒜瓣一个挨一个地紧密竖直排在栽培床或畦床中,蒜瓣间尽量不留空隙,蒜头间隙可用散种瓣填严。蒜瓣上端应尽可能保持高度一致,使生长出的蒜黄高度整齐,方便进行采收。

摆种结束后,随即覆盖3~4cm厚的细沙土,用木板压平拍实。如果心芽已露出,则不宜再压创面;随后浇足水,促进出芽;水下渗后,再覆盖1~2cm后的细沙,注意补平床面;最后在床面上覆盖保温和遮光设施。

(3) **温度管理** 温度控制应掌握前高后低的原则。出土前,温度略高些,白天温度控制在26~28℃之间,夜间为18~20℃,这样利于早日出苗。齐苗后,视植株具体情况逐渐降低温度,当蒜黄长

高至8cm时，以白天温度至少保持在18～22℃之间，夜间不低于16℃为宜；当蒜黄长高至15cm时，棚内温度应逐渐降低，以18～20℃为宜，但不可低于15℃，土温应保持在12℃以上。当苗高25～30cm时，白天保持在20℃左右，夜间为14～16℃，收获前4～5天可降至10～15℃，要防止蒜黄徒长、倒伏。如果出现高温、高湿即要通风，严防后期湿度过大使株间过热，容易导致蒜黄腐烂。

（4）水分管理　水分管理的关键是适时适量浇水，控制好床土湿度，促进叶片迅速生长。土壤过干，叶片生长缓慢，会影响蒜黄产量和质量；若棚内空气和土壤湿度过大，又容易发生腐烂。浇水应视床土的干湿、温度高低及通风量大小等灵活掌握。生产中可采用手握床土法评判，抓一把土握紧，手松土落并散开时，即需浇水。一般4～6天浇1次水，每茬蒜黄浇水2～4次，收割前2～3天应适量浇水1次，这样既可保证蒜黄的产量和质量，又可为第二茬生长奠定基础。

多层架式栽培的浇水方法为：上层2天浇水1次、中层3天浇水1次、下层4天浇水1次，水量为上层淋、中层匀、下层见湿为度。

播后立即喷1次水。幼苗生长过程中，每隔3～4天喷1次水。生长前期需水量少，后期增多，温度高、苗大或沙壤土排水速度快，应多浇。收获前3～4天停止浇水，可使蒜黄长得敦实。

（5）光照管理　播种后等蒜芽破口时应在日光温室外面均匀覆盖草苫遮光；采用大拱棚栽培的也可在棚内搭小拱棚，并在小拱棚外面覆盖草苫遮光，以软化蒜叶，进行黄化栽培。盖帘还有保持栽培床温度和湿度的作用。

> ⚠【注意】　盖帘过晚，或覆盖不严，会使蒜苗见光，导致叶片变绿而降低品质。软化栽培蒜黄一般不揭草苫，若在生长后期蒜黄呈雪白色，可在收割前几天，选择晴天的中午揭开草苫见光（俗称晒黄），晒至金黄色即可，从而改善色泽和品质。
>
> 在晒黄时，注意晾晒时间不要太长，光照不要过强，以防止蒜黄失水而影响商品品质；气温低时，注意防冻。

（6）采收　若温度适宜，一般当摆蒜后20～25天（直接作畦栽

培的 30~40 天），蒜黄高 35cm 时就可割头刀；如果温度偏低，则需 30 多天。割后扎成小捆，放在阳光下照晒片刻，使蒜黄由浅黄色变为金黄色。一般收割 3 刀，头刀蒜黄的产量和品质最高，二、三刀的产量和品质逐步下降，每千克干蒜可收获蒜黄 1~1.5kg。

由于蒜黄组织脆嫩，容易失水软化，一般需用塑料袋装或包裹，放入硬纸箱子搬运。

2. 地窖式蒜黄栽培关键技术

利用地窖进行冬、春季节生产蒜黄，场地要选择背风向阳、地势高燥的地块，以利于提高暖窖的温度，减少冻害；同时当外界温度升高时，又能很好地放风降温。冬季或早春外界气温低，采用暖窖生产蒜黄是一种比较理想的栽培方法，具有投资小、建窖简单、生产操作方便等优点。下面简要介绍一下其栽培要点。

(1) 挖暖窖 一般高度为 2~2.5m，入土深为 1.5m 左右，露出地面高度 1m，窖长 7m、宽 7m（栽培面积掌握在 50m² 左右），在上面用木架或竹竿支好（一定固定牢固，上面要盖土），然后铺放玉米秸秆、稻草、小麦秸秆或破草苫等遮盖物，最上面盖土，厚度为 40cm 左右，在四个底角处各留有一个放风窗口。挖入口，宽度为 40~50cm，两侧用砖垒好。栽培床土以富含有机质的壤土为好，土壤厚度为 10~12cm，栽培池的畦面要平，铺沙或沙壤土 6cm 左右，耙平后栽蒜。

(2) 播种要点 11 月上中旬播种，播前用清水浸种一昼夜，使种蒜充分吸水，以加速发芽。播种时要尽量采用密植栽培，种植时将蒜头一个挨一个的紧密地种植于栽培畦中，蒜瓣间尽可能不留空隙。一般每平方米用种蒜 20kg 左右。播种后随即覆盖 3~4cm 厚的细土，浇 1 次透水，同时盖好遮光覆盖物。

(3) 畦面管理 在密闭条件下，如果空气、土壤湿度过大，蒜头又常易发生腐烂现象。所以尽量减少浇水，一般是种植后浇 1 次透水，维持较高的湿度，保证种蒜迅速出苗。以后，可根据外界气温、土壤湿度、蒜黄生长状况，灵活浇水，不能使暖窖内湿度过高。生长前期，喷水量要少，后期逐渐增多。收获前再适量浇小水 1 次，既保证了蒜黄的产量和质量，又可为收割后继续生长奠定基础。进入立冬节气后,外界温度明显降低,要在栽培窖内生火炉(可自制小土炉)以提高温度,使其保持正常的生长,当白天温度超过20℃时要放风降温,防止高温徒长。

(4)适时收获 当蒜黄高度达到35~45cm时即可收获。一般蒜黄从栽种到割头刀,需25天,再过20天左右可收第二刀。收割时要割齐,不要连根拔起。收割的蒜黄要扎成捆,在阳光下晒一下,使蒜叶由白转变为金黄色时,即可上市。为了抢占元旦和春节两个消费市场,卖个好价格,要根据收割期灵活确定播种期,以实现经济效益最大化。北方青蒜和蒜黄保护地栽培季节见表5-2。

表5-2 北方青蒜和蒜黄保护地栽培季节

地区	栽培方式	产品	播种期	收获期
北方	温室	青蒜	10月上旬~2月下旬	10月下旬~4月上旬
华北平原	风障畦或加薄膜	青蒜	11月上旬	12月下旬
北京、天津	风障畦	青蒜	9月下旬~10月上旬	4月中旬~5月上旬
北方	蒜黄窖	蒜黄	11月上旬~1月下旬	12月上旬~2月下旬

> ⚠ **【注意】** 蒜黄大规模生产时用种量大,靠购买大蒜来生产蒜黄需要的资金较多。且蒜黄容易腐烂,难储存,大批量生产必须做好规划或按订单进行。每年从9月~第二年1月均可生产。

第六章
大蒜轮作与间套作栽培技术

第一节　大蒜轮作

轮作是指在一定年限内，在同一块土地上有顺序地轮换种植不同作物的栽培制度。这里指的不同作物是指在植物学分类中不是同一科的作物，例如，大蒜与黄瓜不属于一个科，而与大葱、洋葱为同科。大蒜产区要想达到持续高产、高效、优质的目标，不但要注意茬口安排，而且应建立合理的多年轮作制度，最好每隔2～3年种1茬大蒜。

一　秋播大蒜轮作方式

秋播大蒜有旱地作物轮作和水旱作物轮作两种方式。

1）旱地秋播大蒜的轮作制度可以这样安排。第一年春季栽种马铃薯、甘薯、早黄瓜或西葫芦等，收获后种大蒜，也可以在小麦收割后种大蒜；第二年大蒜收获后种大白菜或栽秋冬甘蓝、菜花；第三年春季种植黄瓜、番茄、西葫芦、菜豆等夏菜，夏菜收获后再种大蒜；第四年夏季大蒜收获后种玉米。如此轮换种植可以合理利用土壤肥力，改善土壤理化性质，减轻病、虫及杂草的危害。

此种轮作模式有利于均衡利用土壤养分和防治病、虫、草害；能有效地改善土壤的理化性状，调节土壤肥力。

2）秋播大蒜水旱作物轮作也很普遍，在安徽省来安县薹用大蒜产区已实行蒜、稻、油菜或绿肥轮作。第一年头季种水稻，水稻收割后种大蒜；第二年大蒜收后再种水稻，收获后种一季油菜或绿肥；第三年油菜或绿肥收获后栽水稻，水稻收获后再种大蒜。3年之中，种一季油菜或绿肥、两季大蒜、三季水稻。这种栽培制度不仅有利于改良土壤、抑制病虫害，而且还有利于防除杂草。因为蒜稻轮作，可使水田杂草如牛毛毡、稗草、水藻类杂草，以及蒜田的旱稗等杂草，经过水旱轮作，95%以上的杂草不能萌发或不能造成危害。

山东鱼台县进行稻蒜连年轮作的方式是早熟稻—大蒜，该方式可实现稻蒜连年高效。稻蒜一年轮作后异地换茬的种植方式是大蒜—晚熟稻，该模式可实现稻蒜两熟双高产。在同一地块还可进行早熟稻—大蒜—晚熟稻—冬小麦两年四作的轮作倒茬。

水旱作物轮作，土壤干、湿交替，可以增加土壤的透气性，使土壤微生物活动旺盛，改进土壤理化性质。蒜、稻轮作能够改变病、虫生活的环境条件，轮作过程中大蒜的根系分泌物对病菌的繁殖有抑制作用，可以减轻水稻病害和地下害虫（金针虫、蝼蛄等）的危害。另外，蒜稻轮作可以减轻稻田杂草和蒜田杂草的危害。

二 大蒜春播地区轮作方式

大蒜春播地区轮作方式有：第一年春季种马铃薯、西葫芦、黄瓜或菜豆，收获后种大白菜，大白菜收获后将土地闲置；第二年春播大蒜，大蒜收获后栽甘蓝、菜花、芹菜或播种胡萝卜、萝卜等；第三年再种夏菜，如此轮换种植。

第二节　间作套种

间作套种是指在同一土地上按照一定的行、株距和占地的宽窄比例种植不同种类的农作物，是运用群落的空间结构原理，为充分利用空间和资源而发展起来的一种农业生产模式。

间作是指两种或两种以上生长期相近的作物，同时隔畦、隔行或隔株有规则栽种的种植方式。套种是指在同一块田地上，在前季作物的生长后期，于株间或行间或畦间种植另一种作物的栽培方式。间作时，主作和副作的共同生长期较长，利用主作和副作对环境条

件需求的某些差异,达到相互有利、共同发展的目的。套作的两种或两种以上作物的共生期只占生育期的一小部分时间,是一种解决前后季作物间季节矛盾的复种方式,其主要作用是争取时间以提高光能和土地的利用率;提高单位面积产量。在生产实践中,无论从作物的安排上还是从生产的效果上,二者之间都难以严格区分,所以习惯上称为套种。

科学合理地间作套种能有效地提高自然资源的利用率,提高土地复种指数,增加单位面积的产值和效益,是农业产业结构调整和农民增收的重要技术措施之一。

大蒜的间作套种方式主要有粮、蒜套种,棉、蒜套种,菜、蒜套种,粮、棉、蒜套种,棉、粮、蒜、菜套种,粮、菜、蒜套种,棉、蒜、瓜套种及棉、蒜、瓜、菜套种等方式。

1. 粮、蒜套种

(1) 秋大蒜套种春玉米 每一播种带宽65cm,每带栽植大蒜3行,行距为20cm、20cm、25cm,株距为8~12cm。大蒜生长后期,在宽行(25cm)中套种玉米(彩图1),玉米行距为65cm,株距为30cm。每2~3个种植带设一畦垄,便于灌水。每30m长挖一宽25cm、深30cm的横沟,确保排水通畅。

在大蒜秋播地区9月下旬~10月上旬播种,第二年6月初收获。玉米一般在4月底5月初播种,8月中下旬成熟。大蒜抽薹前玉米还处于苗期,抽薹后,玉米可对大蒜起遮阴作用;大蒜收获后再管理玉米。

(2) 夏玉米套种蒜苗 合理密植玉米套种蒜苗,蒜苗平均行距为20cm(80cm带型播4行,160cm带型播8行)、株距为5cm左右,每亩播种6万株左右。

播种期玉米选用生育期100天以内的早熟品种,于6月上旬播种;在7月底8月初播种蒜苗,争取立秋前后齐苗,使幼苗生长期延长,冬前使叶片形成较高产量。

玉米按80cm或160cm的行距点播,每亩留苗2000~3000株。在玉米行间开沟播种蒜苗,沟深13~15cm,顺沟亩施磷酸二铵7.5kg作为种肥,然后按株距点播种瓣,然后搂土合沟,整平畦面。

⚠️ **【注意】** 经催芽发根的种瓣，播种时应避免在烈日下暴晒。天旱地干，可先灌水造墒，合墒整地后再进行播种。

在玉米蜡熟期应及时采收，并运出玉米秸秆，以避免遮光，在收获玉米时，应特别注意不要损伤蒜苗。同时，玉米收获之后必须施肥灌水1次。蒜苗食用部分是叶鞘和叶片，采取标准一是根据蒜苗生长情况，二是根据市场需求，于11月开始采收，陆续采收至1月底。亩产蒜苗2000~3000kg，蒜苗采收后，清除泥土和残叶，扎成每捆1~2kg的小捆上市。

（3）小麦、大蒜、玉米、花生套种 小麦、大蒜、玉米、花生高效立体种植模式，一般亩产小麦175kg、鲜大蒜1300kg、花生250kg、玉米350kg。

9月下旬播种小麦，同时间作大蒜；第二年5月中旬收获大蒜，腾茬后种花生；6月上旬收获小麦，抢种夏玉米；9月中旬收获花生、玉米。

每一间作套种带宽1.3m，种植3行小麦，小麦行距为20cm。90cm空幅种植4行大蒜，行距为20cm，每亩2.5万株。玉米小行距为30cm，大行距为100cm，每亩种植4000株。花生按30cm×18cm行、株距播种，每亩8500穴。

小麦、大蒜、玉米、花生套种的栽培要点如下。

1）小麦选早熟、矮秆、耐肥、抗倒伏的高产品种。前茬作物收获后，每亩施有机肥2000kg、尿素25kg、过磷酸钙50kg、硫酸钾10kg，耕翻整地后播种小麦。第二年小麦返青后追施拔节孕穗肥，每亩施尿素10kg。适时防治病虫草害。

2）大蒜选早熟、优质、抗病的徐州白蒜品种，并做好种子处理。于9月下旬播种，播后喷施除草剂，覆盖地膜。出苗时进行人工辅助出苗。春季适时浇好"膨大水"，追施"膨大肥"。5月中旬收获鲜蒜头上市。

3）花生选择高产、早中熟、抗逆性强的直立型品种。5月中旬大蒜收获后种植花生。先在蒜茬地内每亩施有机肥1500kg、过磷酸钙20kg、尿素5kg、硫酸钾10kg，整地、点播，每穴2粒。播后整平

垄面，喷施除草剂后覆盖地膜。花生出苗后进行人工辅助破膜；小麦收获后每亩追施复合肥50kg。在花生初花期喷施多效唑进行化控，后期叶面喷肥防早衰，及时防治花生青枯病、锈病、蚜虫、蛴螬等病虫害。

4）玉米选择早熟、矮秆、株型紧凑、高产优质、抗逆性强的优良品种。6月上旬收麦后抢墒点播2行玉米，确保一播全苗。玉米出苗后灭茬松土，适时间苗定苗。根据玉米长势追施苗肥，促进平衡生长，墒情差时适当灌溉，及时防治叶斑病、玉米螟。

（4）大蒜、花生套种 为了提高种植效益，可采用地膜覆盖大蒜套种花生栽培模式。该栽培模式为大蒜优质高产提供了良好的生长环境，花生的播种期比麦垄套种提前15~20天，比麦后直播提前30~40天，收获期提前10~15天。一般在蒜头收获前10~15天（5月上旬）套种比较适宜。每畦（2m）大蒜行间播种6行花生，采取40cm×20cm的宽窄行种植方式，平均行距为33.3cm，株距（穴距）为20~22cm，每穴2粒，播深5cm，每亩约2.0万株。该模式株行距配置比较合理，通风透光好，个体发育好，分枝多、花量大、结果多、产量高。

山东省大蒜、花生套种模式为：高产田采用"三一式"[3垄蒜1垄花生，花生株行距为15cm×55cm；大蒜株、行距为8.3cm×(18~20)cm]较好（图6-1），此模式不但能获得较高的花生产量，还不影响大蒜密度和地膜种植；中产田以"二一式"（2垄蒜1垄花生，花生株、行距为17cm×40cm；大蒜株、行距8.3cm×120cm）为好。10月初播种大蒜，第二年4月底5月初套种花生；6月上旬收蒜头，9月底收花生。

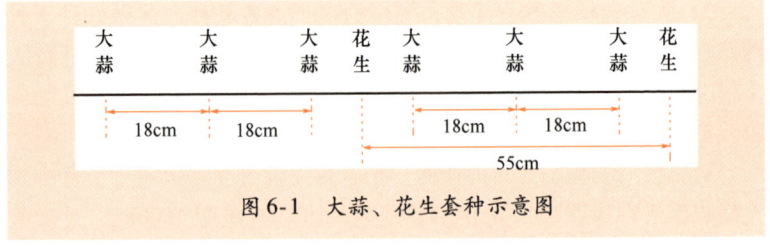

图6-1 大蒜、花生套种示意图

(5) 早蒜苗套种小麦 选用适于作蒜苗栽培的早熟大蒜品种，经打破休眠催芽处理后于8月上旬播种，行距为15cm，株距为3~4cm。10月上旬将蒜苗行间细锄一遍，然后撒小麦种，播后锄地将小麦种掩埋压实；12月前采收蒜苗。蒜苗收获后将小麦镇压一遍，随后灌水，使因采收蒜苗而受损伤的小麦根系与土壤紧密接触，以减少冬季冻死苗现象。

2. 大蒜、棉花套种

蒜棉间作两熟栽培是一种高效栽培方式，在山东省大蒜主产区金乡县及周边地区普遍采用大蒜、棉花套种模式。这种栽培模式下，大蒜在生长过程中产生的根系分泌物对棉花苗期病虫害有一定的抑制作用，减轻了棉蚜危害。棉花产量、质量与纯春棉基本相当，多收一季大蒜，棉田综合效益高，深受农民欢迎。

棉蒜间套方式选用"四一式"（图6-2），即90~100cm一个种植带，秋种4行大蒜，行距为20~25cm，留套种行30~40cm，春种（移栽）1行棉花，收蒜后棉花的行距为90~100cm。由于在大蒜抽薹前需多次浇水，为减轻高湿与低温对棉花的不利影响，多提倡采用高低畦种植。将棉花种在高畦上，大蒜种在底畦内。高畦宽30cm、高15~20cm，秋天在低畦里种4行大蒜，春天在高畦上移栽1行棉花。

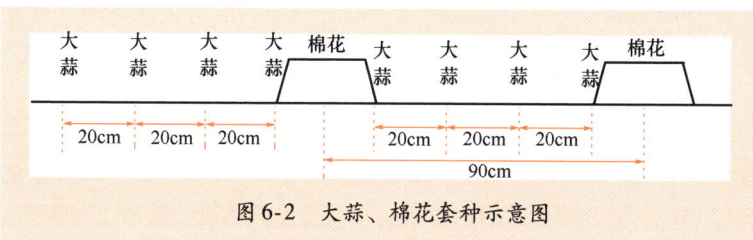

图6-2 大蒜、棉花套种示意图

大蒜栽种前一定要施足底肥。最佳播种期以在10月5~15日之间为宜，采取开沟播种的方法，沟深3~4cm，地温不低于16℃时播种，14~23℃出苗。按株、行距15cm×18cm播种，播后覆土2cm，浇足出苗水，覆地膜。

棉花播种和移栽应抓一个"早"字。一般在3月底4月初开始

打钵育苗,加强苗床管理,培育高质量的适龄壮苗;在4月底5月初幼苗达到3叶1心期时进行移栽。

3. 菜、蒜套种

(1) 大蒜、菠菜套种 以生产蒜头为主的大蒜与菠菜套种技术如下。

大蒜一般在9月下旬~10月上旬播种。菠菜的播期与大蒜的播期相同,但菠菜应撒播在畦埂上。大蒜出苗慢,苗期占空间小,菠菜有充分的生长空间。初冬至春天均可以随时进去采挖菠菜,先挖离蒜近的菠菜。小苗可留在地里越冬,第二年3月上中旬全部采收完毕。

(2) 大蒜、秋黄瓜、菜豆套种 大蒜种在10月上旬寒露前后播种,株、行距为7cm×17cm,每亩约栽植33000株。开沟播种,耙平畦面后浇水,覆盖地膜。临近蒜头收获时,在大蒜行间造墒,以备播种秋黄瓜。

在蒜头即将收获时将有机肥施入畦沟内,然后用土拌匀,耙平。待收获蒜头后,将黄瓜种子点播于畦上,每畦2行,行距为70cm,穴距为25cm。每穴播3~4粒种子,每亩留苗3500株,种子需用0.1%的磷酸三钠溶液浸泡消毒。田间管理方法为:瓜苗有3~4片真叶时,每穴留苗1株并定苗;定苗后浅中耕1次,并每亩施入硫酸铵10kg以促苗早发;定苗浇水后随即插架,畦沟边相邻的2行扎成"人"字架;结合绑蔓进行整枝,并适时对主蔓进行摘心。

6月下旬于黄瓜行间起垄直播菜豆,行距为30cm,穴距为20cm,每穴播2~3粒种子;定苗后浇1次水,然后插架,以防秧蔓互相缠绕,影响开花、结荚;结荚期需追肥2~3次,每次每亩施硫酸铵15kg。结合喷药防治病虫害,加入适量的微肥、磷酸二氢钾等,并进行叶面追肥。菜豆9月底前采收完毕。

(3) 生姜、大蒜套种

1)山东安丘模式:大蒜在10月上旬实行宽窄行播种。宽行行距为30cm,窄行行距为20cm,株距为8cm,每畦种4行蒜。第二年4月下旬在宽行中种生姜,行距为50cm,株距为12~15cm(图6-3)。

这种套种方式对生姜苗期生长有利,因为生姜苗期不耐强光,栽种在大蒜植株行间，小气候比较阴凉湿润，姜苗生长良好。当生姜进入旺盛生长期，需要较强光照时，大蒜已经收获。生姜与大蒜的共生期不长，相互间的不利影响很少。

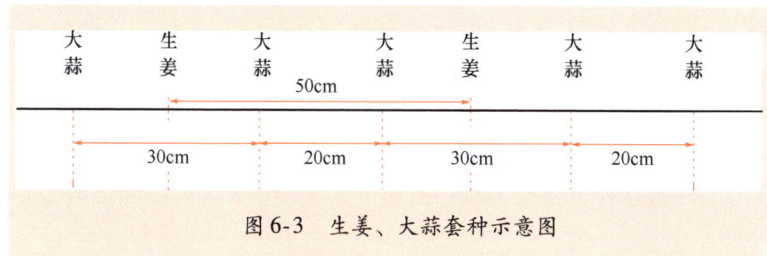

图6-3 生姜、大蒜套种示意图

2）辽宁模式：大蒜、生姜每一栽培带宽60cm，垄宽35cm、高15cm，大蒜播种于垄上，双行栽培，株、行距为10cm×20cm，每亩栽22000株左右。垄沟宽25cm，中间种植单行姜，株距为15cm。生姜需要遮阴，大蒜植株正好在垄上起到遮阴作用。秋播大蒜于10月上旬播种，春播一般在4月初播种，生姜于5月上旬在垄沟播种。

（4）**大蒜、辣椒套种** 为兼顾大蒜、辣椒双高产又易套种，筑大蒜畦宽60~80cm，每畦种植4行大蒜，株距为7~10cm，两畦间留畦埂宽20~25cm、高15cm，既可当畦埂又是辣椒的套种行。辣椒套栽于两畦间的畦埂上，这样辣椒行距为80~100cm、株距为30cm。

一般于5月下旬拔完蒜薹之后立即套种辣椒，行距为80~100cm、墩距为30cm，每墩栽3~4株，亩栽2800~3000墩。套种之后要浇1次定植水，促其早缓苗、快生长。

4. 大蒜、大豆套种（适合黑龙江等东北春播大蒜地区）

适时播种，缩短蒜豆共同生育期，使二者的互相影响降至最低，从而提高蒜豆产量。大蒜属耐寒性作物，可尽量提早播种，这样墒情好，有利于苗全、苗壮，最佳播种期应在4月5日左右。大豆播种时期也很重要，播种过早影响大蒜生长；而播得过晚，大豆生育期不够，影响成熟和产量。大豆最佳播期是5月20日左右。大蒜在垄台上，单行种植；大豆播在垄沟内，可于9月末收获。

5. 粮、棉、蒜套种

绿豆、棉花、大蒜套种。具体做法是：做净宽1m的畦，其中

40cm 留作棉花种植畦，另 60cm 留作大蒜种植畦；畦埂宽 20cm。4 月中旬在畦埂上点播 2 行绿豆。棉花于 4 月上旬播种育苗，5 月中旬定植在预留的棉花畦中，每畦栽 1 行，株距为 23cm，每亩 3000 株。9 月底～10 月上旬在预留的大蒜畦中播种 4 行大蒜，行距为 20cm，株距为 10cm。绿豆于 6 月中旬收获，棉花于 9～10 月收获，第二年 4 月下旬收获蒜薹，5 月下旬收获蒜头。

6. 大蒜、菠菜、棉花间套种

大蒜、菠菜、棉花间套种模式的优点在于棉花的前茬抢种一茬菠菜，在棉花种植密度不减的前提下又套种一茬大蒜，经济效益十分可观。

田间布局为每一种植带 140cm，做成 70cm 宽的高畦与 70cm 宽的低畦各 1 个。9 月下旬在高畦内播种菠菜，低畦栽培大蒜，每畦栽种 6 行，株距为 10～12cm。第二年 4 月下旬收获菠菜后，播种棉花，棉花为大小行种植方式，小行距为 50cm，大行距为 90cm，这样有利于达到棉花优质高产。

7. 大蒜—菠菜—南瓜—棉花—大白菜（萝卜）—小麦

以 240cm 为一种植带，10 月初播种 9 行大蒜，行距为 20cm，占地 160cm，留下空当 80cm，与播蒜同时或稍错后在空当内播种菠菜。菠菜要选择大叶品种，采用条播稀下种方式，争取长大棵。菠菜从第二年 1 月开始收获，一直可收获到 3 月。菠菜收完后，施肥、整地，于 4 月下旬播种或定植 1 行南瓜，株距 70cm，每亩 400 株。后在南瓜两侧各栽 1 行棉花，距大蒜 20cm，棉花株距为 35cm，每亩保苗 1600 株。

大蒜收后及时把南瓜秧拉向麦茬地整枝留蔓。南瓜于 7 月下旬拉秧后，在棉花宽行间整地施足底肥，于 8 月上旬播种 1 行早熟大白菜（60 天收获）或播 2 行萝卜，白菜株距为 40cm，每亩留苗 700 株，萝卜株距为 20cm，每亩留苗 2700 株，10 月上中旬收获白菜或萝卜，11 月中旬棉花拔棵后，整地播麦。

> ⚠ 【注意】 要选择春性小麦并加大播量。

该模式采用宽行种植，便于小型机械操作，可节省用工量，茬口跟得紧，养分消耗大，追肥、底肥要跟上，防止脱肥。每种作物的播种期、定植时间、种植密度都要做到不误农时、合理配置，如果任意提早、延后或加大密度就会加剧相互间的影响。

8. 大蒜—菠菜—西瓜—玉米

以300cm为一种植带，于10月初播种12行大蒜，占地220cm宽，留下80cm空当（预留带）播种菠菜。第二年菠菜收后，整地、施底肥，于4月下旬点播1行地膜西瓜或南瓜。5月下旬大蒜收种后及时把瓜秧引向蒜茬地，并整枝压蔓理顺瓜秧。同时在蒜茬地中间播1行玉米，株距为2cm，每亩保苗1200株，过密会影响瓜生长。7月下旬~8月收瓜，9月中旬收玉米后，施肥、整地继续播种大蒜。

9. 大蒜—早熟西瓜—玉米

该套种形式采用220cm为一种植带，每个种植带内于9月下旬平畦种植大蒜12行并覆地膜。3月下旬在带中间挖出4行作为蒜苗上市，后在留出的近100cm空当内施肥整地定植1行西瓜，株距50cm。2月中旬在温室内育西瓜苗或购买商品苗，栽后覆地膜，上扎70~80cm高的拱架盖天膜。由于大蒜的挡风保护和天膜地膜的增温保墒作用，西瓜生长迅速。5月下旬收蒜后把瓜秧拉向蒜地，追肥、整枝、压蔓，6月中下旬即可收瓜。在5月下旬瓜胎坐稳后，在瓜秧基部还可种植2行玉米，玉米收后仍可种蒜。

10. 大蒜—黄瓜—菜豆

该模式适合山东等北方地区。以110cm为一种植带，宽80cm，畦面高10cm，畦沟宽30cm。选择苍山蒜中的早熟品种，于10月初播种，行距为17cm，每畦5行，株距为7cm，平均每亩保苗3000株。播后覆土浇水覆地膜，以后按常规管理。蒜薹采收后浇2次水以促进蒜头膨大。收蒜前，如果地墒差可再浇1次水，备播夏黄瓜。黄瓜可选用抗热、抗病品种。5月底将有机肥施入畦沟内，深翻整平，在沟两侧按株距25~30cm播种2行已催出芽的黄瓜，每穴2粒，覆土2~3cm。播后3天出苗，中耕保墒，当瓜苗长至3~4片叶后搭架，搭架时将竹竿在黄瓜植株外侧约10cm处插入土中，以扩大窄行间距离。蒜茬地留作宽行走道。黄瓜出苗后40天开始收获，采瓜期为40多天。7月中下旬在黄瓜的宽走道中施肥整地播种2行菜

豆，穴距25cm，每穴3粒种子，黄瓜拉秧后，架豆可利用黄瓜架爬秧，9月中旬开始收获。

11. 大蒜—甘蓝—南瓜—玉米

以300cm为一种植带，在200cm宽的畦内于9月下旬播种8行大蒜，株距为8～10cm，第二年5月下旬收获。在播种大蒜的同时育甘蓝苗，10月中下旬定植在1m宽的小畦内，株距为30cm，每亩栽苗700多株，4月中下旬收后及时整地、施肥播种或定植提前培育的南瓜苗，株距为50cm，每亩栽苗700株；南瓜选用干、面、甜的优良品种。大蒜收后及时把南瓜秧拉向蒜畦并整枝压蔓，同时在其行间套种1行玉米，株距为25～30cm，每亩保苗800株。南瓜、玉米收获后不耽误播种或定植越冬作物。

12. 蒜苗—大蒜—西瓜—棉花

以320cm为一种植带，其中160cm于9月中旬种大蒜，行距为20cm、株距为16cm。另一半畦面把种蒜剩余的蒜种也按行距20cm开沟，然后在沟的两边按3～4cm栽蒜生产蒜苗。播种后封沟浇水，压实土层，防止"跳根"。棉花、西瓜于3月下旬利用营养钵在大棚或中拱棚内育苗。4月初收获蒜苗后，施肥、整地做成小高畦，按株距4cm栽1行西瓜，每亩保苗460株。在西瓜两侧按株距20cm栽2行棉花，每亩保苗1800株，覆地膜或扎小拱棚进行短期覆盖。大蒜5月下旬收后，在棉花一侧开10cm的深沟集中施腐熟鸡粪，每亩2000～3000kg，施后顺沟浇水、封沟，并把瓜秧从棉花株间拉出整枝、压蔓。该种植模式每亩产蒜苗1500～2000kg、蒜薹150kg、蒜头700～800kg、西瓜2500～3000kg、皮棉50～60kg。

13. 春玉米—秋黄瓜—大蒜间作套种栽培模式

春玉米、秋黄瓜、大蒜间作套种，主要是充分利用冬季土地空闲种植大蒜，春玉米提前上市（以鲜食玉米为主），玉米秸秆作为秋黄瓜支架及苗期遮阳。该种植方式一年三作三收，种植效益较高。

茬口安排：春玉米于当年5月上旬播种，大小行种植，大行行距为90cm，小行行距为25cm，株距为25cm。7月中旬于春玉米大行内播种2行黄瓜，黄瓜行距40cm，黄瓜与玉米间距25cm，生长期以玉米秸秆作为支架。9月下旬，秋黄瓜收获末期将秋黄瓜及玉米秸秆全部收获，耕翻后播种大蒜。

14. 棉、蒜、瓜套种

大蒜、西瓜、棉花套种模式，三种优势作物种植的平面结构为六、二、一式，带距150cm，种6行地膜大蒜，蒜幅为85cm，行距为18cm，株距为8.7cm，栽培密度3000株/亩，预留棉行65cm（种蒜时预留行内可栽一茬白菜、包菜、菠菜等），春季在预留棉行中间栽种1行早熟地膜西瓜，其株距为55~60cm，每亩8000株；同时在西瓜两边地膜上栽种2行棉花，行距为40~50cm，株距一行为55~60cm（以供西瓜茎蔓外伸），另一行株距为20~25cm，每亩棉花栽4000株左右。

一般大蒜要提早在白露或秋分播种并覆盖地膜。西瓜在2月中旬采用营养钵育苗和嫁接技术，4月底3叶1心时移栽。棉花3月下旬育苗（营养钵），5月初移栽。

种大蒜时整地成高低畦，大蒜种低畦，瓜、棉种高垄，可有效缓解大蒜后期需水多，瓜、棉前期需水少的矛盾。

15. 棉、蒜、瓜、菜套种

大蒜、冬菜、西瓜、棉花一年四熟高效间作种植模式。大蒜选用金乡白皮大蒜，以产蒜头为主，冬菜可种植菠菜、黑油白菜、荠菜、豌豆苗等，西瓜可选用早熟品种，棉花选择抗病、抗虫、株型较大、具有较大增产潜力的杂交一代抗虫棉品种。

带宽200cm种7行大蒜，预留行80cm种冬菜，冬菜收获后于4月中旬在空行中间套种1行西瓜，株距为50~60cm，亩栽培西瓜550~600株，5月中旬将棉花移栽到西瓜棉两侧，距西瓜30cm，棉花成宽窄行，宽行距为140cm，窄行距为60cm，株距为40cm，每亩植棉1600株左右。

大蒜于9月25日左右点播，行距为20cm，株距为15cm，地膜覆盖；大蒜播种结束，再在预留行中均匀撒播冬菜分批间收，收后耕翻晒垡，留待西瓜移栽；西瓜3月中旬催芽，用小拱棚育苗，苗龄23~30天，待瓜苗具4片真叶时移栽，地膜覆盖；棉花在4月10日前后进行营养钵育苗，5月中旬4片真叶时选晴天破膜移栽于西瓜两侧。

16. 大蒜—西瓜—花椰菜高效种植模式

在早秋作物收获后,按玉米种植带整地作畦。其中 50cm 宽的作为西瓜栽培畦,1m 宽的作大蒜栽培畦。大蒜畦与西瓜畦之间留 50cm 空地。于 9 月底 10 月初在蒜畦内栽种 6 行大蒜。第二年 4 月 20 日前后在西瓜畦内定植 1 行西瓜。6 月上旬大蒜收获后倒地作西瓜爬蔓畦。西瓜收获后施肥整地作畦定植秋花椰菜(菜花)。西瓜于 3 月中旬育苗,实行地膜覆盖栽培,定植株距为 40cm,每亩栽植 850 株。秋花椰菜选用早熟品种,于 7 月中旬遮阴育苗,8 月上旬定植,行距为 50cm,株距为 40cm。花椰菜收获后整地播种冬小麦。这种种植方式的优点是既减少了冬闲地,又可减少西瓜枯萎病的发生。

以上是目前大蒜生产中经常采用的间作套种模式,但大蒜间套作能否取得较大效益还应该注意以下几个问题。

1)要定好带距(指田间间套的各种作物顺序种植一遍所占的宽度)。为了便于机械耕作,目前推广宽带种植,尤其是大蒜地套蔓生的瓜类,预留带不能过窄,最少不能低于 70cm。冬季在带内可种耐寒蔬菜,春季在带内种植其他作物,二者影响小。

2)作物间要搭配合理,喜温与喜凉的、高秆与低矮的、早熟与晚熟的,它们之间共生期尽量短些,尤其在行间配置欠妥、密度过大的情况下,若共生期过长就会以强压弱甚至两败俱伤。

3)肥料要充足,管理要跟上,尤其是需要整枝打杈的瓜类,在坐瓜前若整枝不及时就会旺长影响坐瓜。

4)间套作要与育苗相结合,才能更加充分地利用当地生长季节的光、热、水资源。

第七章
大蒜栽培中存在的异常现象及解决途径

随着大蒜常年连作、地膜覆盖、气候变化、种植管理不当等多种因素的影响，异常生长现象每年都有不同程度的发生，有的属于生理异常现象，有的属于栽培管理技术不当，有的带普遍性，有的则是在少数地区、少数年份发生。其中大蒜栽培过程中发生最普遍、对产品质量影响最大的是二次生长、洋葱型大蒜、管状叶、抽薹不良、裂头散瓣、叶尖干枯、瘫苗等。

第一节　大蒜二次生长

一　大蒜二次生长的概念与分类

在大蒜生长发育过程中，正常情况下生长到一定时期，鳞芽开始分化，叶片退化，鳞芽逐渐形成蒜瓣，退化的鳞芽外的鳞片形成了蒜瓣的外皮。但是不利的环境条件下，大蒜在蒜薹露出之前，蒜轴周围长出5～6片小蒜叶，围着蒜轴生长。这些小叶是新蒜瓣的外皮顺着蒜薹长出的一条长长的新叶，而新蒜瓣的生长点并没有萌动，称为二次生长现象（彩图2、彩图3），也称为马尾蒜、大蒜发叉。侧芽在形成蒜瓣的过程中，不经过休眠，顶芽又萌发长出许多细长的丛生叶，状如马尾和松毛，这种出叶现象对蒜薹和蒜头的产量影响较大。分权的马尾蒜到后期也能抽生蒜薹，称为"二次抽薹"，但都很细小，无商品价值。这些抽薹蒜的基部也能形成蒜头，但多为

畸形的复瓣蒜或散瓣蒜。

一些学者根据二次生长在大蒜植株上发生的部位，可将其分为以下三种类型。

（1）外层型二次生长 大蒜植株外层叶片的叶腋中萌生一至数个鳞芽，鳞芽延迟进入休眠而继续分化和生长，形成独瓣蒜，或没有花薹的分瓣蒜，或有花薹的分瓣蒜，结果在蒜头的外围着生一些排列错乱的蒜瓣或小蒜头，使整个蒜头成为畸形。这种类型的二次生长对商品品质的影响最大。

（2）内层型二次生长 在大蒜植株内层叶片的叶腋中，正常分化的鳞芽延迟进入休眠，鳞芽外围的保护叶继续生长，从植株的叶鞘口伸出，形成多个分杈。有的分杈发育成正常的蒜瓣；有的分杈发育成分瓣蒜，其中有少数分瓣蒜还形成了花薹。轻度的内层型二次生长对蒜头的外形影响不大，发生严重时，蒜薹变短，薹重降低，蒜瓣排列松散，蒜头上部易开裂，所形成的分瓣蒜外观酷似一个肥大的正常蒜瓣，常被选作蒜种，但播种后由一个种瓣中长出二至多株蒜苗，从而影响所生蒜头的产量和质量。

（3）气生鳞茎型二次生长 蒜薹总苞中的气生鳞茎延迟进入休眠而继续生长成小植株，甚至抽生细小的蒜薹。发生气生鳞茎型二次生长的植株，常使蒜薹短缩，丧失商品价值，但对蒜头的影响不大。这种类型的发生率一般很低。

除了上述三种基本的二次生长类型外，有时在同一植株上还会出现两种类型混合发生的情况。

二 大蒜二次生长的产生原因

1. 品种的遗传特性

大蒜二次生长类型及发生的严重程度与品种遗传性有关。归纳起来有以下三种情况。

（1）只发生内层型二次生长，不发生外层型二次生长的品种 有软叶、温江红七星、前苏联红皮蒜系统的品种（改良蒜、徐州白蒜、鲁农大蒜、宋城大蒜等）、天津红皮、上海嘉定蒜、新疆伊宁红皮、新疆吉木萨尔白皮、青海格尔木红皮、甘肃民乐大蒜、乐都大蒜、临洮白蒜、临洮红蒜、辽宁开原犬蒜、江苏太仓白蒜、内蒙古土城小瓣、土城大瓣、延安白皮、银川紫皮、白皮狗牙蒜、黑龙江阿城白皮、阿城紫皮、广西紫皮、陕西耀县红皮、榆林白皮、商南笨黑皮、陕西陇县大蒜、清涧紫皮等。

（2）内层型及外层型二次生长均可发生的品种 有金堂早、二水早、彭县蒜、蔡家坡红皮、兴平白皮、苍山大蒜、普陀大蒜、商县黑皮、白河白皮、襄樊红蒜、毕节大蒜、山西紫皮、宝鸡火蒜、呼沱大蒜等。

（3）不发生二次生长的品种 有陕西宁强山蒜、广东新会火蒜、广东金山火蒜、广东普宁大蒜、广东韶关忠信蒜等。其中的宁强山蒜如果在播种前将种瓣用5℃低温处理40天或者在鳞茎分化期至收获期给予8h短日照处理，均会发生内层型二次生长。

以上情况表明，大蒜产区对当地的大蒜品种或引进的外地品种，在了解其丰产性和商品性的同时，还应了解其二次生长情况，尽量选择不易发生二次生长，特别是不易发生外层型二次生长的品种。

大蒜二次生长类型虽然主要取决于品种的遗传性，但不同品种间的遗传稳定性有差异。一般只发生内层型二次生长、不发生外层型二次生长的品种及不发生二次生长的品种，遗传性较稳定，在田间栽培条件下，在不同年份中，均可保持其遗传特性。而内层型和外层型二次生长均可发生的品种，遗传性不够稳定，有时二者同时发生，有时只发生外层型二次生长或只发生内层型二次生长。至于二次生长发生的严重程度则与栽培技术和气候状况有密切关系。

2. 蒜种储藏期间的温度和湿度

蒜种储藏期间的温度对二次生长有显著影响，低温有促进作用，但不同品种对低温的反应程度有差异。

蔡家坡红皮蒜对低温（0~5℃）和冷凉（14~16℃）条件的反应最敏感，外层型和内层型二次生长均大幅度增加，其中内层型二次生长的增加幅度更大。苍山大蒜对低温和冷凉条件的反应次之，外层型和内层型二次生长也有较大幅度的增加，其中外层型二次生长的增加幅度较大。"改良蒜"对低温和冷凉条件的反应较迟钝，内层型二次生长有所增加，不发生外层型二次生长的特性仍未改变。

秋播地区蒜头收获后，多在室温下储藏，储藏期间不会遇到容

易诱发二次生长的低温和冷凉条件。但秋季播种后,从苗期到花芽、鳞芽分化发育期都会遇到低温和冷凉条件,所以蒜种即使不进行低温和冷凉处理,也有发生二次生长的可能,只是发生的严重程度较进行过低温和冷凉处理的要轻一些。

春播地区蒜头收获后要储藏到第二年3~4月播种,为了使蒜头不致受冻,储藏场所的最低温度多控制在0℃左右,在长达7~8个月的储藏期间以及早春露地播种后的一段时间,都具备诱发二次生长的低温和冷凉条件。

蒜种储藏场所除温度对二次生长有影响外,空气相对湿度也有影响,而且温度与空气相对湿度之间有互作关系。苍山大蒜于播种前30天在5℃和75%~100%空气相对湿度下储藏的蒜种,秋播后,第二年外层型二次生长指数比在5℃和25%~50%空气相对湿度下储藏的蒜种增加3.3倍,内层型二次生长指数增加1.9倍。而在15℃和25℃下储藏的蒜种,不同空气相对湿度(25%~100%)间,无论是外层型二次生长还是内层型二次生长的发生程度均无显著差异。所以,为了减少二次生长的发生,在蒜种储藏期间不但要避免低温,而且要避免75%以上的空气相对湿度。

3. 播种期

国内有关大蒜二次生长的报道,多认为播种期早是发生二次生长的重要原因之一。据报道播种期与二次生长的关系因品种、蒜种休眠程度、蒜种储藏环境、播种后出苗快慢以及土壤湿度的不同而异,而且播种期早晚对同一品种的不同的二次生长类型的影响也不尽相同。

在外层型和内层型二次生长均可发生的品种中,如蔡家坡红皮蒜,在陕西关中地区,较正常播种期(9月中下旬)提早播种,同时蒜种的休眠期已结束,播种后出苗快,苗的长势强时,外层型二次生长严重发生;如果播期虽然提早,但蒜种尚在休眠状态,播种后迟迟不出苗,苗的长势弱,则早播并不会造成外层型二次生长的大发生。容易发生内层型二次生长的品种,如苍山大蒜,在陕西关中地区,播期早晚对外层型二次生长的发生无显著影响,但在10月中旬以前,晚播比早播更容易发生内层型二次生长,蒜种如果经过冷凉处理而且提早播种时，则会促进外层型和内层型二次生长的发生。

播种期对二次生长的影响还和土壤湿度有关，据报道苍山大蒜的播种期和土壤湿度对内层型二次生长的发生有影响。播期无论早晚，当土壤湿度高（土壤相对含水量为90%）时，内层型二次生长发生株率比土壤湿度低（土壤相对含水量为50%）的极显著增高。土壤湿度高而且播期早时，对内层型二次生长的发生更有利；播期虽然早，但土壤湿度低时，则不利于内层型二次生长的发生。

因此，在调查研究播种期与大蒜二次生长的关系时，应综合考虑上述各种因素，从而确定当地的适宜播种期。当然，大蒜适宜播种期的确定，既要考虑防止二次生长的需要，又要兼顾生产目的的需要。在以外贸出口为主的大蒜产区，为了达到出口质量标准，播期的确定应以防止二次生长、提高蒜头质量为主要依据。

4. 种瓣大小

国内外有关蒜瓣大小与二次生长的关系，有三种不同的报道：①大蒜瓣的二次生长株率比小蒜瓣高；②小蒜瓣的二次生长株率比大蒜瓣高；③蒜瓣大小与二次生长之间没有多大关系。陆帼一等在1992年以苍山大蒜为试验材料的研究结果表明，蒜瓣大小与二次生长间的关系，因播种前蒜种储藏条件和种植密度不同而有不同。

在室温下储藏的蒜种，大蒜瓣（重3~4g）比小蒜瓣（重1~2g）易发生外层型二次生长，而蒜瓣大小对内层型二次生长的发生没有显著影响。播种前25~30天进行冷凉处理（温度为16~17℃，空气相对湿度为95%）的蒜瓣，蒜瓣愈大，外层型二次生长愈严重；而小蒜瓣一般比大蒜瓣容易发生内层型二次生长。

种植密度（行距为22cm，株距分为15cm、10cm和7cm）对外层型二次生长的发生没有显著影响，但对内层型二次生长的影响很显著。稀植（行距为22cm，株距为15cm）对内层型二次生长的发生有极显著的促进作用，而且较小的蒜瓣（≤4.5g）比大蒜瓣（5~6g）容易发生内层型二次生长；密植（行距为22cm，株距为7cm）时，内层型二次生长株率极显著降低，而且蒜瓣愈小，内层型二次生长株率愈低。

总之，研究蒜瓣大小与二次生长的关系时，首先应了解品种的二次生长类型，并综合考虑蒜种储藏条件、种植密度等因素，根据生产目的选用适当大小的蒜瓣播种，以达到产量和质量的统一。

5. 灌水

灌水时期和灌水量对大蒜二次生长的发生有重要影响。全生育期，特别是鳞芽分化以后，灌水次数多，每次灌水量又大，土壤湿度高（相对含水量为80%~95%），对外层型二次生长和内层型二次生长的发生都有促进作用，不过对前者的促进作用大于后者。土壤湿度低（相对含水量为50%），外层型二次生长和内层型二次生长都不发生，但蒜薹和蒜头产量降低。

6. 施肥

在施用有机肥作底肥的基础上，氮肥的使用量和使用次数对二次生长也有影响。氮肥施用量大，二次生长发生率增高。同样数量的氮肥，施用次数不同时，二次生长的发生情况也不同，据试验，每亩施尿素30kg，分别在播种期、烂母期和返青期各施1/3的处理区，外层型二次生长和内层型二次生长都比分两次在播种期和退母期各施1/2，或在播种期作为基肥施用的处理区增多。陕西大蒜产区的农民认为，早春大蒜返青后施用的速效性氮肥量越多，二次生长愈严重。

7. 覆盖栽培

大蒜覆盖栽培有两种方式，一种是地膜覆盖栽培，另一种是塑料拱棚覆盖栽培，目前应用较普遍的是前一种方式。生产实践证明，大蒜地膜覆盖栽培有增产增收的效果，但有时会出现二次生长增多，蒜头形状不整齐，蒜瓣数增多，蒜薹短缩、发育不正常等现象，究其原因是与地膜覆盖后土壤温、湿度及养分的变化有关。

秋播地区，覆盖地膜后，土壤温度上升，含水量提高，有效养分增多，肥力增高。所以大蒜的整个生育进程都提前，植株生长旺盛，花芽和鳞茎分化期提前。花芽和鳞茎分化后常处于日照时间较短，土壤温、湿度适宜及多肥等有利于二次生长发生的环境中，使二次生长增多。

春播地区由于同样的原因，植株生长旺盛，但经受的低温程度和低温持续期不够，花芽和鳞芽分化期推迟，蒜薹和蒜瓣发育不正常，从而产生蒜薹短缩、苞叶特别长、不能伸出叶鞘、二次生长增多、蒜头畸形、蒜瓣数增多等现象。

实行薄膜拱棚覆盖栽培时，覆盖时间和去膜时间对二次生长都有影响，秋播大蒜早春盖膜时间早，去膜时间晚，二次生长增多。

8. 气候

大蒜二次生长发生的程度，在不同年份往往有很大的差异。气候包括温度、降水、空气湿度、日照等因素，有关气候变化与二次生长关系的研究还很少，就现有研究资料来看，以花芽和鳞芽分化为中心的气候状况，对二次生长的发生有较大的影响。秋播地区冬季温暖，植株生育迅速，早春气温回升快，花芽和鳞芽分化早，分化后日照较短，如果又遇连续降温和降雨天气，土壤湿度大，温度低，鳞芽再次感应低温，再次分化出鳞芽和花芽，以后在长日照高温条件下形成二次生长植株。

此外，大蒜在花芽和鳞芽分化期地上部或地下部受到损伤，对二次生长有促进作用。

三 防止大蒜二次生长的途径

1. 选择适宜品种

不同品种抗二次生长的能力不同。因此，可以通过多年种植经验了解不同品种对二次生长是属于抗型还是易发型的。尤其是对外层型二次生长的抗性更应了解清楚，因为该类型对蒜头的质量影响最大。如果目前所种的主栽品种属于二次生长易发型，可以通过引种确定后进行换种，这样可以争取时间、加快速度。当然，在确定品种时不仅要选择对二次生长抗性强，而且要考虑适合国内外市场要求的优良品种。

目前，前苏联红皮蒜系列的品种（宋城大蒜、金乡蒜、鲁农大蒜、徐州白蒜）和苍山蒜，既适合出口外销，也适宜国内市场销售，二次生长发生率也低，即使发生也多属于内层型，对大蒜的质量影响较小。不同品种二次生长发生率有差异，生产中应选用二次生长发生率低的品种。

2. 改善蒜种储藏条件

冷库中储藏的保鲜大蒜只能作为食用商品蒜，不能作为以收获蒜头为主的种用蒜。不论哪种熟性的品种，都会随着低温储藏时间的延长，使长势减弱，二次生长加重，尤其是早熟品种更甚之，不但外层型所含比例大，收获的蒜头几乎没有商品价值。大蒜收获后进入夏季，只要存放地环境干燥，放在室内挂藏或装入网眼袋中堆藏均可。也可在室外搭建防雨、防晒棚，在棚下堆藏或挂藏，只要雨水淋不着、太阳晒不着就达到了安全储藏的目的。不要放在窑洞或甘薯窖中存放。

蒜种应储藏在通风干燥的场所，温度应保持20℃以上，空气相对湿度在75%以下。秋播地区宜在通风良好的室内挂藏，春播地区要解决蒜种储藏期间低温期过长的问题。

3. 选择大小适中的蒜瓣播种，合理密植

大蒜二次生长的发生与种瓣大小密切相关。种瓣过大二次生长率高，种瓣过小产量低，又易产生独头蒜。生产中应选用适中的种瓣为宜。

适当密植可减少二次生长发生。例如，苍山大蒜以生产商品蒜头为主要目的而选用大蒜瓣（重5g以上）播种时，要适当密植，行距为22cm，株距为10cm，大蒜瓣稀植时，对内层型二次生长的发生有促进作用；以生产蒜薹为主要目的时，采用行距为22cm，株距为7cm，不但可提高蒜薹产量，而且可减轻内层型二次生长的发生。

4. 掌握适宜的播种期

盲目提早播期是二次生长发生的原因之一。对易发生二次生长的早熟品种，更不能盲目提早，尤其在暖冬年情况下，二次生长更为严重。

大蒜的适宜生长温度为12~26℃，蒜瓣在12℃以上发芽生长整齐。秋播大蒜播种过早，当年会感受低温而分瓣，在持续低温下，幼小鳞芽还可以再次感受低温而通过春化，第二年这些大蒜就会形成二次生长的复瓣蒜；播种过迟，不能满足植株通过春化所需的低温，就不能形成花芽，也就不会抽薹、分瓣，以后在长日照下只能形成独头蒜。秋播区9月中、下旬~10月上旬播种，以越冬前长足

5~6片叶、株高18~20cm、假茎粗0.7cm左右为宜。

5. 合理灌水,控制氮肥施用

氮肥用量过大,返青水浇得早,二次生长率均高。要多施有机肥,配施磷钾肥,防止偏施氮肥。返青水要控制适当晚浇。基肥采用以有机肥为主,适当配合氮磷钾三元复合肥。用化肥作追肥时忌多量氮肥单独施用,特别是返青期少施或不施速效性氮肥。尤其在水多氮肥足的情况下,植株生长过旺,二次生长的发生率也会高。

6. 地膜覆盖不要过早

地膜覆盖栽培在大蒜集中产区已经成为提高产量和质量的重要手段。但使用不当也是诱发二次生长的一个原因。在同样冬暖倒春寒年份,地膜覆盖的大蒜二次生长明显多于不覆盖的。因此,为了防止由于覆膜而引起的二次生长,覆膜时应注意以下几个方面:①秋播区覆膜的要比不覆膜的在适宜播期内向后推迟5~6天,以防止苗期生长过旺,鳞芽、花芽分化过早,第二年春遇低温产生二次生长;②播期不推迟,播种后先不覆盖薄膜,待蒜苗已经全部出土齐苗后,天气已经开始转凉,于10月中、下旬采取一次性集中盖膜掏苗。这种方法省工,也降低了二次生长的发生率。③地膜覆盖的返青后要控制氮素化肥用量。

第二节 面包蒜

"面包蒜"也称为"洋葱型大蒜""葱头蒜""气蒜"。正常情况下,蒜头是由许多个侧芽发育肥大而成的。而该类型大蒜侧芽(鳞芽)不发生,鳞茎由其叶身的叶鞘基部异常加厚,以及全部或部分鳞芽的外层鳞皮加厚所构成,类似洋葱的鳞茎结构。大蒜无肉质鳞片或肉质鳞片极不发达(如黄豆大小或无)或形成部分正常鳞芽,可形成蒜薹或无薹分化。看上去很饱满,但用手一捏便会空瘪,无任何商品价值及食用价值。

一、"面包蒜"的类型

"面包蒜"植株在整个生长发育时期其外观与普通植株无异,鳞茎体积也与普通鳞茎相同,在发育初期,与健康植株一样,是由数

层几乎同样厚的鳞片包裹着一个幼芽胚芽所组成,生长后期整个鳞芽只是体积增大,但其外层鳞片中的营养物质未向内层鳞片转移或转移较少,导致内层鳞片没能像健康植株鳞芽那样变得格外肥厚(彩图4、彩图5),收获时外层鳞片也未干缩成膜状的蒜皮,收获后,经日晒鳞芽中数层肥厚的鳞片才开始脱水成为膜状。根据鳞芽发育情况将"面包蒜"分为三个类型。

1. 全部鳞芽未发育

鳞芽分化完善,但未发育,被肥厚的鳞片充实着。收获后,鳞片脱水成为膜状,整个鳞茎用手捏时感觉松软,似捏面包,无食用价值。此类型所占比重较大,约占"面包蒜"总量的1/2。

2. 部分鳞芽发育不完善

鳞芽分化完善,部分鳞芽发育较好,部分鳞芽外层鳞片中的营养物质向内层鳞片中转移较少,因此内层鳞片发育较小,晾晒后形成一个由数层蒜皮包被着的小鳞芽。

3. 整个蒜头无蒜瓣,所有鳞芽未发育

收获晒干后,鳞芽缩水成膜状,无一粒蒜瓣。整个蒜头用手一捏像面包,无食用价值。刚收获的鲜蒜头可食用,鲜食鳞片。此类型较少。

二 "面包蒜"的产生原因

"面包蒜"主要是由于生长环境条件恶化造成的。

1. 追施氮肥过多

春季追肥随着追氮肥量的增加、时间的提前,"面包蒜"发生率随之提高。早春一次性追施氮肥,偏施氮肥,比追施复合肥料、分期延迟追施氮肥,"面包蒜"发生量较高。

2. 施用未腐熟的有机肥

在大蒜主产区,由于人力、物力的制约,蒜农往往施用未腐熟的有机肥,易导致地蛆的发生,增加生产成本,致使许多蒜农少施或不施有机肥,这是"面包蒜"产生的重要因素。

3. 基肥中氮、磷、钾的配比不合理

基肥中氮、磷、钾配比不合理,氮肥含量较高,或重施、偏施氮肥,磷钾肥相对缺乏,施肥比例失调是导致"面包蒜"发生的主

要原因之一。"面包蒜"的发生程度与氮、磷、钾肥的配比关系密切，随着氮肥比例的增加（即磷钾肥比例的下降）而不断增加。大蒜是需钾较多的作物，钾和磷促进植物对氮素营养的吸收和运转，磷、钾肥的不足会加剧氮肥结构性过剩，加强蒜株的顶端优势，抑制养分向鳞茎的转移和运输，减缓鳞茎的膨大速度，鳞芽发育受阻，使鳞茎膨大不充实而产生"面包蒜"。

4. 土壤含水量过大

大蒜的适应性较强，但在生长过程中对环境条件、水分都十分敏感，管理过程中的大肥大水，土壤含水量过大，都会造成面包蒜的产生。田间调查发现，地势低洼的大蒜地块，"面包蒜"发生较普遍。据试验，春季随着浇水量的增加，不仅大蒜产量降低，而且"面包蒜"发生率直线上升。

5. 气候因素

气候因素与"面包蒜"的形成有密切关系。春季的倒春寒或暖冬气候都可能使"面包蒜"的形成数量增多。特殊的气候现象影响大蒜的生长发育，强暖冬与倒春寒等气候现象可使大蒜正常春化受破坏，分化发育受影响，导致"面包蒜"的严重发生；"面包蒜"发生严重的年份，一般有特殊的气候现象。气候异常是"面包蒜"严重发生的重要原因；严重的秋冬旱与强暖冬、冬旱无雨雪与暖冬且气温忽高忽低、秋冬旱与倒春寒等气候现象的共同作用，导致"面包蒜"的严重发生。

6. 播种时期

大蒜播种过早或过晚，均会诱发异常生长现象。大蒜播种过早，由于温度高，蒜瓣发芽慢，出苗期长，出苗率低，幼苗在冬前生长过旺，发育进程加快，抗寒力下降，植株早衰，减弱了蒜鳞茎肥大期的光合作用和养分的积累，不能正常接受低温长日照的春化。播种过晚，大蒜生育进程不正常，较正常发育植株延迟发育，越冬时苗小，营养生长期短，接受春化时间也不足，积累的养分相对减少，抗寒力下降，容易受冻害，导致蒜头小、蒜瓣数量减少。这些可导致大蒜鳞芽分化发育异常，从而产生"面包蒜"。

7. 蒜种不适宜

可能盲目引种了外地生长表现良好的品种，但该品种却不适宜

当地种植,易产生异常生长现象。

8. 蒜种储藏的条件不当

蒜种储藏时遇上低温加高湿的环境,将会使面包蒜的产生株率提高。

三 防止"面包蒜"的途径

1. 选择优良品种

选用适宜当地种植的抗逆性强的优良大蒜品种,如山东济宁及其周边地区可推广的金乡紫皮蒜和金乡白皮蒜。

2. 适期播种

在山东等秋播大蒜地区9月下旬~10月上旬是大蒜适宜播种期。大蒜露地越冬前达到叶龄4~5叶期,株高25cm左右,根系30条左右时,植株的抗寒力强,不易发生冻害。

3. 合理施肥

早春追施复合肥料、适当增加追氮量、分期延迟追施氮肥是大蒜增产减少"面包蒜"发生的有效措施,春季追肥的肥料种类和时间是大蒜增产的关键因素。底肥要施用腐熟的有机肥,增施钾含量较高的复合肥,实行氮、磷、钾合理配比能减少"面包蒜"的发生。

4. 水分管理得当

春季适当控制水分是减少"面包蒜"发生的有效技术。大蒜浇水量以3月浇1次水、4月浇1次水、5月浇2次水为泰安地区适宜的大蒜春季灌溉技术。

5. 科学储存蒜种

要在通风干燥、温度适宜的环境中存放蒜种,避免低温、潮湿。

第三节 抽薹不良

大蒜的抽薹性主要取决于品种的遗传性,有完全抽薹、不完全抽薹及不抽薹品种之分。但有时原来是完全抽薹的品种,却出现大量不抽薹或不完全抽薹的植株,这种现象称为抽薹不良。

一 抽薹不良的产生原因

主要是由于环境条件不适或栽培措施不当造成的。储藏期间已解除休眠的蒜瓣，或播种后的萌芽期和幼苗期，在0~10℃低温下经30~40天以后就可以分化花芽和鳞芽，然后在高温和13h长日照条件下便可以发育成正常抽薹和分瓣的蒜头。

如果秋播或春播时间播种较晚，幼苗感受低温的时间不足，就遇到高温和长日照条件，花芽不能正常分化，就会产生不抽薹或不完全抽薹的植株。而且也影响鳞芽发育，使蒜头变小，蒜瓣数减少，瓣重减轻。秋播地区将低温反应敏感型品种或低温反应中间型品种放在春季播种时，便会出现这种情况。

秋播或春播时间过晚，低温感应不足，植株瘦弱，营养生长不良时，不分化花芽；或是种瓣太小、土壤贫瘠、肥水太少、过分密植、植株徒长、叶数又少，导致植株的营养物质严重不足，也影响鳞芽发育，以上两种情况下都会产生大的种瓣则形成不抽薹的分瓣蒜，小的种瓣则形成不抽薹的独瓣蒜。

二 防止抽薹不良的途径

1. 正确选择适宜的品种

合理选用品种，引种时应了解品种的抽薹习性、原产区的纬度和海拔以及气候环境条件，不盲目引种。将从春播地区引进低温反应迟钝型品种在秋季或春季播种时，一般都不抽薹；其中也有少数品种，如新疆伊宁红皮，无论秋播或早春播，完全抽薹率可达100%。

2. 适期播种

要适时播种，加强水肥管理，防止缺水、少肥、受冻。注意创造适宜大蒜花芽分化和抽薹的环境条件，以满足品种花芽发育的需要。

第四节 裂头散瓣

一 裂头散瓣现象

蒜头的外面原来是由多层叶鞘（蒜皮）紧紧包裹着的，蒜瓣不易散裂。如果包被蒜头的叶片数少，蒜瓣肥大时会将叶鞘胀破；或叶鞘破损、腐烂，蒜瓣外部压力减小；或蒜头的茎盘发霉腐烂，蒜瓣与茎盘脱离，这些都会造成蒜头开裂、蒜瓣散落的现象。

二 裂头散瓣的产生原因

裂头散瓣的产生原因主要有以下几个方面。

1. 品种特性

有些大蒜品种，蒜头的外皮薄而脆，很容易破碎。

2. 地下水位高，土质黏重

在地下水位高、土质黏重的地块种植大蒜，由于排水不良、土壤湿度大，叶鞘的地下部分容易腐烂，造成裂头散瓣。

3. 播期不当

当播种期过早时，在蒜头膨大盛期植株早衰，下部叶片多变枯黄，蒜头外围的叶鞘提早干枯，蒜头肥大时易将叶鞘胀破，造成裂头散瓣。当播种过晚时，花芽分化时的叶片数少，蒜头膨大时也容易将叶鞘胀破。

4. 田间管理措施不当

中耕、灌水、追肥不当都会引起裂头散瓣。蒜头收获前半个月左右浇水过多或降雨过多或排水不良时，由于土壤湿度大、地温又高，使蒜头外皮容易腐烂，造成裂头散瓣。

由于植株生长期间要多次大量施用速效性氮肥，发生二次生长而造成的裂头散瓣。

5. 收获时期及方法不当

过早抽取蒜薹或抽蒜薹时蒜薹从基部断裂，造成蒜头中间空虚，也容易散瓣。蒜头采收过迟，蒜头外皮少而薄，特别是当土壤湿度大时，外皮易腐烂，茎盘易枯朽，造成裂头散瓣。

6. 蒜头收获后遇连阴雨

蒜头收获后遇连阴雨无法晒干时，如果堆放在室内，茎盘易霉烂，造成散瓣。

7. 储藏方法不当

蒜头经晾晒后移至室内挂藏时，如果过于拥挤，而且离地面又近，在多雨季节蒜头会返潮，茎盘发霉腐烂，引起裂头散瓣。

三 防止裂头散瓣的途径

1. 正确选择适宜的品种

选用皮厚、蒜瓣紧实的品种作为蒜种。

2. 采用适宜的栽培条件及措施

可采用高畦栽培或选择地下水位较低的壤土或沙质壤土栽培。在疏松土壤上实行地膜覆盖栽培时,应在蒜瓣萌芽期分两次将畦面轻轻拍实,然后覆盖地膜,使苗的生长稳定,以免蒜瓣露出地面,发生裂头散瓣。

3. 适期播种

播种期适宜时,花芽分化有较多的叶片,可以较好地保护蒜头。

4. 采取正确的田间管理措施

秋播大蒜早春返青后,要浅中耕;蒜头肥大期应停止中耕,以免损伤蒜头外皮。收获前应根据土壤墒情和天气情况,适当控制灌水,并做好开沟排水工作,降低土壤湿度。

植株生长期间要避免多次大量施用速效性氮肥,防止由于二次生长的发生而产生的裂头散瓣,对于已发生二次生长的植株要适当提早收获,否则易裂头散瓣。

5. 适期采收、方法得当

掌握好蒜头成熟期,及时采收,而且蒜头收获后应及时将根剪去,则残留在茎盘上的须根在干燥过程中呈米黄色,而且坚实紧密,对茎盘起保护作用,不易散瓣。

6. 蒜头晾晒时避免雨淋

蒜头量少时可移至室内,蒜头朝上摆放在地上晾。量多时可将蒜头朝下摆在秫秸架上,上面用苫席和防雨布遮盖,周围挖排水沟,待雨停后立即揭席通风。

7. 储藏方法正确

蒜头经晾晒后移至室内挂藏时,不要过于拥挤,要通风透气,避免茎盘发霉腐烂。

第五节 叶尖干枯

一 叶尖干枯的产生原因

冬季和早春在蒜田中经常可以看到叶尖泛黄干枯,原因有以下几种。

1. 正常的生理现象

在大蒜生长"烂母"期，植株生长迅速，需要的养分增加，而种蒜内营养消耗净尽，这时大蒜生长依靠根系吸收营养，在由蒜母供应营养转为根系吸收营养的过程中，蒜苗营养青黄不接，供需不平衡，便出现黄叶，颜色由浅至深，直至干尖产生。

2. 不正常气候的影响

大蒜是冷凉蔬菜，茎叶生长的适宜温度为12～16℃，当气温达到26℃以上时，叶片呼吸旺盛，水分蒸发量大，养分消耗多，这时在植株上部叶片顶端产生黄叶，从叶尖向基部逐步发展，进而出现干尖。如遇上干热风，对叶片危害更重。发生越早，危害越重。

冬季干旱少雨雪，封冻水没及时浇灌，即使浇过封冻水，由于冬季地温低，根系吸水困难的情况下也会出现干尖、黄尖现象。

3. 栽培措施的影响

大蒜的根系是喜湿根系，须根分布范围小，对水肥要求较高。土壤过干或过湿，肥力不足，极易出现黄叶干尖。另外连年重茬种植，密度过大，缺乏氮素或钾素肥料也易出现黄叶干尖现象。此种原因产生的黄叶干尖在生产上较普遍，常在植株上部叶片上发生。

土壤黏重，春季土温提升后地上部分已经进入生长，根系吸收力弱，形成上下脱节的不协调状况，也常常会出现黄尖、干尖现象。

秋季播种过早，遇到温度偏高，加上地膜覆盖栽培，膜下温度高，大蒜根系和根茎被灼伤，养分吸收受阻，叶片得不到充足的养分，导致叶尖干枯甚至死苗。

4. 大蒜叶尖干枯现象由根腐病引起

早春大蒜返青期发生叶尖干枯现象，主要是由根腐病引起的。大蒜根腐病多由细菌侵染引起，植株感染细菌后初生根由根尖向基部腐烂，而后次生根相继腐烂，部分植株连蒜母一起腐烂，腐烂处有恶臭味，易引发地蛆及其他寄生性害虫。病株叶片褪绿发黄，并从叶尖开始沿叶脉纵向软腐，植株矮小，生长发育失调，严重时植株死亡。另外，春季大蒜大面积出现叶尖干枯现象，多与当地在玉米收获后没有对土壤进行必要的消毒就播种大蒜有关。土壤中的根腐病菌经连年累积，导致根腐病发生严重，地上部表现叶尖干枯。

二 防止叶尖干枯的途径

1. 精选优种

选择蒜瓣肥大,顶芽肥壮,色泽洁白,无伤口,无病斑的蒜瓣作种。

2. 采取正确的栽培措施

选择地下水位较低,排水良好的沙壤土;合理密植,加深土层促进根系扩展,扩大吸收面积;维持比较稳定的土壤湿度,避免忽干忽湿;保证"烂母期"的养分供应。

冬季注意浇封冻水,保证土壤水分充足,浇水后注意中耕保墒提高地温。覆盖地膜是减轻黄尖、干尖的一项重要技术措施。

3. 进行土壤消毒防治

由病害引起的叶尖干枯需在大蒜播种前对土壤消毒。一般在9月大蒜播前1个月深翻晒地,耕翻深度不少于20cm。播前浅旋耕土壤,撒施生石灰、生物菌剂、多菌灵等对土壤消毒。用药剂拌种也能预防大蒜根腐病发生,具体方法是:每100kg种蒜瓣用77%多宁(硫酸铜钙)可湿性粉剂150g,加水8kg均匀喷洒蒜种,晾干后播种。

第六节 管状叶

大蒜正常叶片呈狭长的扁平带状,横切呈"V"字形,管状叶则呈中空的管状,形似葱叶,横切呈环状,只在顶端有很小的出叶口,这是大蒜分化中的一种异常现象。

一 管状叶的发生特征

管状叶多在蒜薹外围第一~第五片叶上发生,以第三~第四片叶发生概率最高。由于管状叶发生后,位于其内部的叶和蒜薹都不能及时展开和生长,而是被套在管状叶中,随着其生长和体积的增大,才能逐渐部分地胀破管状叶的基部,但叶尖和蒜薹总苞的上部仍被套在管状叶中,所以这些叶片和蒜薹总苞都被挤压成为皱折的环形,叶片不能展开,蒜薹不能伸直,严重影响叶片的光合作用。因而,管状叶发生的位置越是靠外,被套在管状叶中的叶片数越多,

对生长和产量的影响越大。

二 管状叶的产生原因

1. 与大蒜品种的遗传特性有关

管状叶的发生与品种和多种栽培因素有关。在山东省主栽的大蒜品种中，以苍山大蒜发生最严重，"改良蒜"上少有发生。

2. 与蒜种储藏条件有关

蒜种播前经不同温度储藏，管状叶发生株率不同。随储藏温度降低，管状叶发生株率增高；蒜种在5℃或15℃储存均比25℃储存管叶发生株率高。

3. 与种瓣大小有关

种瓣大小与管状叶的发生有密切关系。苍山大蒜种瓣越小，管状叶发生株率越低，随着种瓣的增大，管状叶发生株率提高，4.75g的种瓣管状叶株率最高，继续增大的种瓣则管状叶株率反而降低。种瓣重在3.75~5.75g的比1.75g的管状叶株率有显著性提高的趋势，提高幅度在1倍以上，种瓣重1.75g的与2.75g的管状叶株率无显著差异。

4. 与播期有关

播种期早，管状叶的发生率高。在山东省地区大蒜一般在9月下旬~10月上旬播种，8月11日~9月10日播种，管状叶发生株率为20%以上，9月24日播种，管状叶发生株率下降至9.7%。

5. 与土壤湿度有关

随着土壤相对含水量的增加，管状叶发生株率降低。将土壤相对含水量下限由50%提高到65%时，管状叶发生株率能显著地降低，土壤相对含水量提高到80%时，则管状叶株率能极显著地降低。

三 防止管状叶的途径

1）选择不易发生管状叶的大蒜品种，如选用性状相近而不发生管状叶现象的优良品种替代原有易发生管状叶现象的品种。

2）秋播地区避免蒜种冷凉处理；不要用特大的蒜瓣作种瓣，选用中等大小的蒜瓣作种瓣；播种时期不易提前，要适期晚播；看墒情灌水，保持适宜的土壤湿度，避免土壤干旱等。

3）生产中一旦发现管状叶，可人为即时划开，让被套的蒜薹及叶片"解套"，即可使植株正常生长从而消除或减轻对蒜薹和蒜头的不利影响。

第七节 瘫苗

大蒜收获期尚未达到，植株假茎便变软，叶片枯黄，瘫伏在地上，称为瘫苗，也叫"瘫秧"。这是一种早衰现象，会严重影响大蒜的产量和品质。

一 瘫苗的产生原因

1）与品种习性有关。如天津宝坻红皮大蒜中的抽薹蒜很少早衰，而割薹蒜早衰严重，一般年份瘫苗率甚至能达到70%，是天津地区大蒜生产中的一大障碍。

2）连作年限长，重茬地块病虫害发生严重，地下害虫为害根系，造成大蒜植株吸水吸肥能力减弱；蓟马及潜叶蝇为害叶片使植株营养不良，引起植株早衰。

3）肥水管理不当，苗期营养不良或过量施用氮肥使植株徒长，都容易引起瘫苗。

二 防止瘫苗的途径

及时进行病虫害防治，加强肥水管理，使大蒜苗生长健壮，以避免植株早衰而引起瘫苗的产生。

低温多雨时，应防止田间积水，土壤湿度不宜过大，合理采薹，避免伤害假茎。

第八节 其他生长中的异常现象

一 开花蒜

蒜头外皮破裂，蒜瓣上部向外裂开，似开花状，故称开花蒜。在鳞茎肥大期，锄地时如将假茎的地下部分或蒜头的外皮损伤，则蒜瓣肥大时产生的压力使蒜头上部的外皮破裂，蒜瓣间产生空隙，

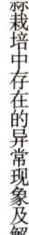

然后上部向外裂开，形成开花蒜。刚收获的新鲜蒜头，如果假茎基部受伤破裂，以后在储藏期间也会发生"开花"现象。所以，在鳞茎肥大期锄草时，要特别注意避免损伤蒜头；在收获、晾晒及整理过程中也要避免假茎基部受损伤。

二 棉花蒜

大蒜在储藏期间，有些蒜头外观完好，但内部蒜瓣干缩变黑，整个蒜头成为空包，俗称棉花蒜，蒜农称为黑粉蒜。其主要原因是受菌核菌侵染。毛霉、根霉等腐生真菌的寄生也能引起棉花蒜的发生。蒜头收获后没有充分晾晒就堆成堆，造成蒜堆湿度大、温度高，极易感病形成棉花蒜。

三 变色蒜

白皮大蒜品种，蒜头的外皮变为红色或白色中夹杂有红色条斑，故称变色蒜。其主要原因是：播种过浅，灌水或中耕后蒜头裸露，受太阳直射而变色；鳞茎膨大期遇高温干旱，土壤水分不足；收获期太晚。

另一种现象是，蒜头外皮变为灰色或黄褐色，也称变色蒜。其主要原因是：种植地块排水不良；收获期遇连阴雨，土壤湿度过大；收获后未及时晾晒；储藏场所通风不良，湿度大。

第八章
大蒜病虫草害诊断与防治技术

第一节 主要生理性病害诊断与防治技术

生理性病害是由于不适宜的环境条件或理化因素造成的生理障碍，如大蒜生长期间，遇低温引起的寒流，导致大蒜叶片受冻失绿，产生严重的叶尖干枯。如果在大蒜生长期间缺肥缺水，或施肥过剩也能引起生理性危害，如大蒜生长受抑制，蒜头膨大受阻。常见的生理性病害主要有以下几种。

1. 缺氮

氮素供应不足，大蒜的生长受到抑制，叶先从外部失绿发黄，重则枯死。在蒜头膨大前，大蒜进行营养生长，为蒜头的膨大打基础，因此，对氮素的要求较高，也是供氮的关键时期；否则蒜头膨大以后，氮供应不足，会使蒜头膨大受阻。所以应在蒜头膨大前施足氮肥。

2. 缺磷

幼苗期缺磷，株高降低，叶数增加受抑，根系发育不良。蒜头膨大期缺磷会减产。出现缺磷症状以后，再向土壤中追施磷肥已于事无补。必须在基肥中配加磷肥，也可用磷酸二氢钾液进行叶面喷肥来急救。

3. 缺钾

苗期缺钾，当时并无明显的症状，但对以后蒜头膨大产生很大的影响。如果在蒜头膨大期间缺钾，易感染心腐病、白腐病。一般来讲，大蒜长到一定高度，要控制氮肥，增施钾肥。

4. 缺钙

大蒜缺钙，会影响根系和生长点的发育，降低组织内部碳水化合物的含量，使蒜头膨大受阻，产量降低，品质下降，同时也诱发心腐病。

5. 缺硼

营养生长不良，叶片弯曲，嫩叶黄绿相间，质地也变脆，蒜头疏松。发病后可在叶面喷 0.1%～0.2% 的硼酸溶液。在土壤中施 1kg/亩硼砂可缓解。但不要过量，否则烧根。

6. 缺镁

嫩叶顶部变黄，继而向基部扩展，严重时全株枯死。发现缺镁，即在叶面喷 1% 的硫酸镁溶液，每隔 5～7 天连喷 2～3 次可以急救。

7. 氮过剩

氮素吸收过剩，叶色深绿，发育进程迟缓，地上部分"贪青"生长，大蒜成熟晚。氮素供应过多，蒜头内的氮积累过多，易诱发心腐病。

8. 磷过剩

磷吸收过剩时，可表现缺钙、缺钾、缺镁等症状，易诱发心腐病。

9. 除草剂引起药害

大蒜播后、苗前用除草剂过量，特别是乙草胺用量过大，易引起叶片生长受抑制、失绿发黄、个别心叶扭曲、根系减少、蒜头变小等症状。

10. 大蒜酸害

当土壤的 pH 低于 5 时，就会发生大蒜酸害（彩图6），导致土壤呈酸性的根本原因是大量使用化学肥料。大蒜受酸害后，植株发育不良，蒜瓣软化腐烂。防治技术：大量使用腐熟的有机肥，减少化学肥料的用量，实行配方施肥技术，氮、磷、钾肥配合施用，避免偏施氮肥。

> **【提示】** 预防大蒜生理性病害一定要注意采用配方施肥技术，合理安排氮、磷、钾肥的施用量和施用比例；用速效氮肥作追肥时忌多次多量施用，特别是在大蒜返青期，要少施或者不施速效氮肥。使用除草剂时一定要注意不要过量。

第二节 主要侵染性病害及其综合防治

由微生物侵染而引起的病害称为侵染性病害。由于侵染源的不同，又可分为真菌性病害、细菌性病害、病毒性病害、线虫性病害等多种类型。

一 真菌性病害

1. 大蒜灰霉病

【发病症状】 大蒜灰霉病多发生于植株生长后期，发病初期蒜苗叶两面生有褪绿小白色点，扩展后成为沿脉扩展的长形或梭形斑，一般先从叶端向下扩展，导致多数叶片一半枯黄（彩图7）。病斑初呈水渍状，继而变白色至浅灰褐色，湿度大时密生较厚的灰色绒霉层。大蒜灰霉病发生严重时，可由叶片蔓延至叶鞘及上部叶片，遍及整株，致使叶片变褐色或呈水渍状腐烂，甚至蒜头腐烂。后干枯成灰白色，易拔起，严重时病部有灰霉及黑色坚硬菌核。

库藏蒜薹先从鞘部发病，后向下蔓延，使整个蒜薹腐烂。有时，腐烂部分绕蒜薹薹茎一周。发病部位缢缩，甚至薹苞腐烂，产生灰霉（彩图8）。

【病原、传播途径和发病条件】 大蒜灰霉病是大蒜生产中后期和蒜薹储藏期的真菌病害之一。大蒜灰霉病是由半知菌亚门真菌葱鳞葡萄孢侵染所致。在田间主要靠病原菌的无性繁殖体即病叶上的灰霉传播蔓延，每次收获都会把病菌散落于土表导致新生叶染病。

其病害发生除与大蒜品种抗性有关外，还与气候和田间管理条件有关。春季降雨多，土壤湿度大；土质黏重，透水性差；种植密度过大；播期晚，植株长势差；偏施氮素化肥，植株抗病性差等均有利于病菌的繁殖与传播。在冷库中储藏的蒜薹，如果库温变化大、袋内湿度大结成水滴时，也易发生灰霉病。

【防治技术】

1）农业防治。选择抗（耐）病优良品种；加强肥水管理，施足底肥，适时追肥、浇水，勤中耕除草，使大蒜植株生长健壮，

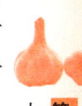

增强抗病能力；及时消灭大蒜植株生长期间及蒜薹储藏期间的传毒媒介。

2）化学防治。发病初期每亩可喷洒50%的速克灵可湿性粉剂1500~2000倍液，或50%的扑海因可湿性粉剂1000~1500倍液，或40%的多菌灵硫黄胶悬剂1000倍液，隔7天喷1次，以连续防治3次为宜。

储藏期蒜薹灰霉病的防治可用0.5%的漂白粉水溶液擦洗货架、支撑物、墙角等隐蔽处，对库房进行消毒，可减少库房内部的菌源。在入库前的预冷期，用50%的速可灵1000倍液或50%的扑海因600倍液，浸蒜薹尾部，待药晾干后封袋口以防止储藏库内湿度不宜。避免形成水滴，不给灰霉病的侵染创造条件。

2. 大蒜疫病

【发病症状】 主要为害叶片，叶片染病初在叶片中部或叶尖上生苍白色至浅黄色水浸状斑，边缘浅绿色，病斑扩展快，不久半个或整个叶片萎垂，湿度大时病斑腐烂，其上产生稀疏灰白色霉。假茎受害，出现水渍状浅褐色软腐，长出灰白霉，叶鞘容易脱落，致全株枯死。鳞茎受害，多在根盘产生褐色或暗褐色腐烂，内部组织变浅褐色。根部发病，呈褐色腐烂，根毛明显减少，根的寿命缩短，地上部生长势减弱（彩图9、彩图10）。

【病原、传播途径和发病条件】 大蒜疫病是大蒜的重要病害之一，各地都有分布。病原是鞭毛菌亚门葱疫霉，病菌以菌丝体和厚垣孢子在病株地下部分或在土壤中越冬，第二年春条件适宜时病部产生孢子囊和游动孢子，游动孢子借风雨和灌溉水传播蔓延，进行初侵染和再侵染。病菌喜高温、高湿条件，发病适温25~32℃，相对湿度高于95%并有水滴存在条件下易发病，露地大蒜在多雨季节或棚室大蒜放风不及时或浇水过量，形成高温、高湿条件发病重。

【防治技术】

1）农业防治。选用抗性强的大蒜品种；要轮作倒茬，发病地2~3年内不要种植葱蒜类蔬菜；收获后要及时清除病残体，带出田间集中深埋或烧毁（尽量不点火烧毁造成大气污染，倡导秸秆还田);选择地势高燥、平整、雨后易排水的地块;加强肥水管理,及时排涝,防止湿气滞留。

2)化学防治。在发病初期喷洒72%的克露(72%霜脲锰锌)可湿性粉剂800~1000倍液或72.2%的普力克(霜霉威)水剂800倍液或用大生M-45可湿性粉剂600~800倍液,7~10天喷1次,防治2次。

对上述杀菌剂产生抗药性的,可选用69%安克锰锌(烯酰吗啉·锰锌)可湿性粉剂1000倍液喷雾。

3. 大蒜干腐病

【发病症状】 大蒜干腐病在生育期和储藏运输期可发生,尤其是在储运期发生严重。生长期发病初期,下部叶黄化、萎蔫或弯曲,或叶面出现浅黄色条斑(彩图11),有时扩展到鳞茎上,切开鳞茎基部可见病斑向内向上蔓延,呈半水渍状腐烂,发展较慢(彩图12)。储运期发病危害严重,多从蒜根部发病,蔓延至鳞茎基部,使蒜瓣变黄褐色、干枯,病部可产生橙红色霉层。

【病原、传播途径和发病条件】 大蒜干腐病病原属于半知菌亚门真菌尖镰孢菌洋葱专化型。以菌丝和厚垣孢子在土壤中越冬,第二年春条件适宜时产生分生孢子,借雨水、灌溉、地蛆等传播,从伤口侵染,在病斑上产生分生孢子进行再侵染。病菌生长适宜的温度为25~28℃,发病适宜的温度为28~32℃。大蒜快成熟时,土壤高温高湿时发病严重。在储运期间,气温为28℃左右大蒜鳞茎易腐烂,8℃以下发病较轻。

【防治技术】
1)农业防治。在无病区选留种蒜,选无病、充实饱满的蒜瓣种;采用轮作,与非葱蒜类作物实行轮作;深翻土壤、施用充分腐熟的有机肥;加强田间管理,合理追肥,及时开沟排水,降低湿度,增强植株抗病力;蒜头在收获储藏过程中尽力避免损伤。

2)化学防治。发病初期应连续喷洒1:1:200的波尔多液2~3次,喷洒75%的百菌清可湿性粉剂700倍液加新高脂膜800倍液进行防治,或50%的多福可湿性粉剂500倍液加新高脂膜800倍液进行防治。

4. 大蒜紫斑病

【发病症状】 大蒜紫斑病的发病多始于叶尖或花梗中部，数日后蔓延至中、下部。发病初期呈稍凹陷的白色小斑点，中央微紫色，病斑扩大后变为黄褐色，纺锤形或椭圆形，大小（2~4）cm×（1~3）cm，周围有黄色晕圈。在高湿条件下，病部产出黑色霉状物。病斑多具同心轮纹，可相互愈合成长条状大斑，严重时全株枯黄，病部组织失水死亡，因此病部易折断（彩图13、彩图14）。

储藏期鳞茎发病时，呈半湿性软腐状，出现红色或黄色，最终变为暗褐色，并伴随体积收缩，失去经济价值。我国南方蒜苗株高10~15cm时开始发病，生育后期尤为严重；北方主要在生长后期发病。蒜薹收获后，发生霉变的主要部位是薹梢部。随蒜薹代谢减弱，蒜苞逐渐膨大，萎蔫变黄，出现黄色不规则的斑点，最终产生黑色霉层。

【病原、传播途径和发病条件】 病原为半知菌亚门真菌葱链格孢菌。病菌以菌丝体在寄主体内或随病残体在土壤中越冬，第二年春天，条件适宜时散发出分生孢子，借气流或雨水传播，萌发后可通过气孔或伤口侵入，其芽管也可直接穿透寄主表皮侵入，引发病害。潜育期4~5天。发病适宜温度25~28℃，而在30~35℃时相对较差，低于12℃不发病。病菌产生孢子需湿度高，萌发和侵入需借助水滴存在。温暖多湿的春季发病重。此外，沙质土、旱地、早苗或老苗、缺肥田块发病重。

【防治技术】

1）农业防治。选用抗病大蒜品种，合理密植，培育壮苗，增强植株抗病能力；加强施肥，施优质腐熟土杂肥作基肥，增施磷钾肥；汛期及时排水；收获后及时烧毁病株，清除受害叶片和花薹。

2）化学防治。发病初期，可喷施75%的百菌清可湿性粉剂500倍液或64%的恶霜·锰锌可湿性粉剂500倍液、50%的异菌脲可湿性粉剂1500倍液，隔7~10天喷施1次，连续防治2~3次。也可用53%的精甲霜灵·锰锌可湿性粉剂800倍液，隔7天喷施1次，连续施用2~3次，防治效果达85%以上。

5. 大蒜叶枯病

【发病症状】 主要为害大蒜的叶片和蒜薹。叶片上的症状主要有两种。

1）秋季苗期蒜苗中、下部老叶片先发病，叶尖发白逐渐形成尖枯，第二年3月气温回升至8~10℃时，病斑沿叶脉向下扩展，并逐渐枯死（彩图15）。

2）春季病菌直接从叶片其他部位侵染，病斑初呈花白色圆形斑点，扩大后呈不规则形或椭圆形，灰白色或灰褐色病斑，中央灰白色或浅紫色病斑，在高湿生长条件下和大蒜生长后期病斑上有黑色霉状物产生，并由灰白色转变为灰褐色。蒜薹上的症状主要表现为在薹梢和蒜薹上出现黄白色斑点，不易储藏，严重者病部失水凹陷或腐烂，从而失去食用价值和商业价值。

【病原、传播途径和发病条件】 大蒜叶枯病不仅是大蒜的一种重要病害，而且危害洋葱、大葱、韭菜等葱属类蔬菜。此病由真菌子囊菌亚门枯叶格孢腔菌侵染所致。在春播大蒜栽培区，病菌主要以菌丝体或子囊壳随病残体遗落土中越冬，第二年产生子囊孢子引起初侵染，后病部产生分生孢子随气流和雨滴飞溅进行再侵染。秋播大蒜出苗后，病残体上产生的分生孢子随气流、雨滴飞溅传播，降落在蒜叶上，引起侵染发病。该病菌为弱寄生菌，常伴随霜霉病或紫斑病混合发生。

病菌对温度的适应性较强，但需要较高的湿度。降雨和田间高湿是病害流行的必要条件。秋播蒜区，田间一般在播种后2个月左右开始发病，先后出现2个发病峰次。次峰出现在冬前的11月下旬~12月上旬，1月明显下降，第二年春病情逐渐回升，4月下旬~5月中旬出现主峰。

该菌侵染萌发的温度较宽，湿度要求达90%以上。发病早晚取决于温度，发病轻重取决于湿度。浙江及长江中下游地区大蒜叶枯病的主要发病盛期在梅雨季节。大蒜病感病生育期在成株期。一般在地势低洼、排水不畅、偏施氮肥、葱蒜类蔬菜混作、植株受伤、植株生长瘦弱和连作的田块发病重。年度间梅雨季节或秋季多雾、多雨的年份发病重。

【防治技术】

1）农业防治。轮作换茬，大蒜忌连作；加强田间管理，配方

施肥，培育壮苗，增强抗（耐）病力；适期播种，合理密植；科学浇水和排水，降湿降渍；及时发现病株，并收集后烧毁或深埋；田间操作时要避免损伤叶片，以减少伤口。控制叶枯病发病的条件。

2）化学防治。在大蒜叶枯病常发、重发区，发病高峰期到来之前10～15天，每亩用80%的代森锰锌可湿性粉剂600倍液均匀喷雾，10天1次，连续3次，即可有效地预防大蒜叶枯病，保产效果明显。在发病始盛期，可用50%或70%的甲基托布津可湿性粉剂500倍液或800倍液，或80%的代森锰锌可湿性粉剂400倍液，或75%的百菌清可湿性粉剂500倍液，或50%的扑海因可湿性粉剂1000倍液，或50%的叶枯灵粉剂1000倍液，或10%的杀枯净可湿性粉剂1000倍液，隔7天喷1次，视病情和天气连喷2～3次即可。

6. 大蒜叶斑病

【发病症状】 大蒜叶斑病又称大蒜煤斑病，国内广布于各产蒜区，尤以西南蒜区发生危害严重，田间从苗期到蒜头膨大期均可发病。主要为害叶片和蒜薹，发病初期叶片出现针尖状的黄白色小点，渐发展成水渍状褪绿斑，后扩大成平行于叶脉的椭圆形或梭形凹陷病斑，中央枯黄色、边缘红褐色、外围黄色（彩图16）。大流行时，病斑向叶片两端迅速扩展或数个病斑愈合连片，使叶片萎蔫枯黄，整株枯死。单个病斑扩展至叶缘时，叶片即从病部折断。湿度大时，病部产生墨绿色霉状物，重病田呈现出一片墨绿色枯死景象。蒜薹上的症状主要表现为在薹梢和薹上出现黄白斑点，不易储藏，从而失去食用价值和商品价值。

【病原、传播途径和发病条件】 该病病原为半知菌亚门真菌的匍柄真菌，以菌丝块在寄主病残体上越冬，第二年产生分生孢子进行传播蔓延，日暖夜凉，雾大、露重的天气发病重。病菌在田间地表和土壤中的病残体上以及大蒜收获后临时堆放场所遗弃的病残体上越夏，也可在葱、韭菜等寄主上侵染越夏。大蒜出苗后，温湿度适宜时产生分生孢子，借气流和雨滴飞溅传播侵染发病。

该菌生长适温为20～28℃；分生孢子形成适温为23～28℃，萌发适温为19～34℃。大蒜叶斑病的发生与田间温湿度呈正相关，一般温度越高，湿度越大，发病越重。当旬平均气温在20℃左右，高湿时利于病害发生和流行。大蒜田管理粗放，整地质量差，田间土块大、高低不平，发病重。与葱、韭菜混作，重茬连作地发病重。肥水管理不当，氮肥施用过多，底肥不足，发病重。种植密度大，田间通风不良，发病重。畦作地膜覆盖栽培，发病轻。大蒜叶斑病的发生与其品种的抗病性密切相关，二水早属较感病品种，一般大红皮蒜如前苏联红皮蒜、蔡家坡红皮蒜比较抗病，晚熟品种比早熟品种发病轻。

【防治技术】

1）农业防治。选用抗病良种，适期播种，合理密植；科学肥水管理，施足底肥，及时追肥，增施磷、钾肥和微肥，增强大蒜的抗病性；降水较多时，要及时排涝降渍；播种前销毁病残体。

2）化学防治。在发病初期可选用77%的可杀得可湿性粉剂800倍液、50%速克灵可湿性粉剂800~1000倍液、50%的扑海因可湿性粉剂800倍液或70%的代森锰锌可湿性粉剂500倍液，每隔7~10天喷1次，共喷2~3次，交替施药，效果较好。

7. 大蒜锈病

【发病症状】　大蒜锈病主要侵染叶片和假茎。病部初为梭形褪绿斑，后在表皮下出现圆形或圆形稍凸起的夏孢子堆，表皮破裂后散出橙黄色粉状物，即夏孢子。病斑四周有黄色晕圈，一般基部叶比顶部叶发病重，严重时病斑互联成片而致全叶黄枯，植株提前枯死。生长后期，在未破裂的夏孢子堆上产出表皮不破裂的黑色冬孢子堆（彩图17）。

【病原、传播途径和发病条件】　大蒜锈病由葱柄锈菌（属担子菌亚门真菌）侵染所致。病菌多以夏孢子在大蒜病残体中越夏，随气流和雨滴飞溅传播，并大量侵染大葱、洋葱等葱属植物。秋季蒜苗出土后，又转害蒜苗。入冬后，病菌以冬孢子或菌丝体在留种大葱和蒜苗上越冬。第二年春气温稳定在10℃以上时开始再次侵染，构成周年循环。一般减产5%~12%，严重地块达30%以上。另外连作的发病也重。该病菌喜温凉高湿气候，夏季冷凉地或湿度大的山区该病容易流行。

【防治技术】

1) 农业防治。选用抗病大蒜品种；避免与其他葱属作物混种，及时清洁蒜田，对已发病的大蒜，将大蒜锈病病叶、病茎带出田外烧毁，减少病源侵染；适期播种，避免偏施氮肥，减少浇水次数，要科学肥水管理，培育壮苗，增强抗（耐）病能力。

2) 化学防治。发病初期，用15%的三唑酮可湿性粉剂1500倍液、97%的敌锈钠可湿性粉剂300倍液、25%的丙环唑乳油3000倍液或70%的代森锰锌可湿性粉剂1000倍液加15%的三唑酮可湿性粉剂2000倍液均匀喷雾，隔10~15天用药1次，视病情连防1~2次即可。注意在采收前20天停止用药。

8. 大蒜白腐病

【发病症状】 大蒜白腐病在我国秋播蒜区均有发生，危害严重。主要为害叶片、叶鞘和鳞茎，初染病时外叶叶尖呈条状或叶尖变黄，后扩展到叶鞘及内叶，植株生长衰弱，严重时整株变黄矮化或枯死，并向一侧扭曲，不易抽出蒜薹或只抽出很短、很细的蒜薹（彩图18）。拔出病株，可见鳞茎表皮产生水渍状病斑，根以及腐烂的鳞茎表面附有大量白色至灰黑色菌丝层，有些蒜头及其上10~15cm的叶鞘内外生出黑色小菌核，茎基变软，鳞茎变黑腐烂。同时根部伴恶臭味（彩图19）。

【病原、传播途径和发病条件】 大蒜白腐病病原为白腐小菌核菌，属半知菌亚门小核菌属真菌。该病菌以菌核在土壤中越冬越夏，可在土壤中长期存活并随雨水、浇水、农家肥及病残体传播，带菌种蒜也能远距离传播。病菌直接从植株根部或近地面处侵入，引起植株发病，病部又产生菌丝，纠结在一起形成褐色组织紧密的小菌核。病菌喜低温高湿，当气温低于20℃，湿度大且持续时间长时易流行。植株生长瘦弱、土壤潮湿、排水不良、土壤贫瘠及长期连作的田块易发病，进入雨季后病势扩展迅速。

【防治技术】

1) 农业防治。选择抗病强的大蒜品种；在无病菌的地块种植，合理轮作倒茬，避免葱属类作物邻作和间作、套种；科学施肥，按有机与无机相结合，基肥与追肥相结合的原则，以优质有机肥为主，平衡施肥；根据土壤墒情和植株生长状况，加强田间肥水管理，提高植株抗病力；保持土壤湿润，尤其在孕薹期、抽薹期、鳞茎膨大期应避免受旱；发现病株及时挖出深埋，收获后彻底清除田间病株残体。

2）化学防治。发病初期用50%的多菌灵可湿性粉剂500倍液或50%的扑海因可湿性粉剂1000~1500倍液灌淋根茎，隔7~10天1次，连续防治2~3次。发病初期，喷洒50%多菌灵可湿性粉剂500倍液或50%的甲基硫菌灵可湿性粉剂600倍液；或用20%甲基立枯磷乳油1000倍液，隔10天左右叶面喷雾1次，共喷2次，防效显著。

9. 大蒜红根腐病

【发病症状】 大蒜染病后，根及根颈部变为粉红色，地上部无明显症状。生长后期，生长有些不良，下位叶变黄或枯死，这时往往已感染病菌。病株根局部或整体变为红色，或者腐烂、或者萎蔫，须根腐烂脱落，根量减少，茎盘肥大。该病害呈慢性症状，植株顶端受害不明显，但鳞茎变小，染病根逐渐干缩死亡，新根不断染病，也不断地干枯，影响鳞茎生长发育。

【病原、传播途径和发病条件】 病菌长期在土壤中栖居和越冬，遇有范围较大的温度和湿度条件即可发病和扩展。病菌在25~30℃下发育最为旺盛。除大蒜外，还侵染洋葱、大葱、韭菜等多种作物。病根上的厚垣化菌丝残留在土壤中，构成下茬作物的侵染源。该病害为土壤传染型病害，连作年数越长危害性越大。

【防治技术】

1）农业防治。实行轮作，该病菌属重复侵染性病菌，要慎重选择前、后茬作物。病害最初只出现在一小部分地块，因此，要致力于早期发现，早期防治。病株残根不可放置田间，要堆积腐熟或烧毁。

2）化学防治。可选用40%福星乳油8000倍液，或75%百菌清可湿性粉剂600倍液，或78%科博可湿性粉剂500~600倍液，或20%三唑酮（粉锈宁）乳油2000倍液等药剂喷雾，掌握在发病初期全田用药，隔3~4天后再防治1次，以后视病情变化决定是否

用药。

10. 大蒜菌核病

【发病症状】 大蒜菌核病主要为害近地面的假茎基部或储存作种的鳞茎。发病初期呈水渍状,进而出现圆形小点,后发展为不规则状,致假茎变为黄褐色腐烂或折倒;当田间较干燥时,病部则发白易破碎致蒜瓣露出(彩图20),在发病部位易可见到薄片状簇拥的黑色菌核状物,导致鳞茎萎缩或整株死亡,严重影响大蒜产量和质量。

【病原、传播途径和发病条件】 大蒜菌核病病原属真菌半知菌亚门核盘菌属。菌核遗留在土中或混杂在种瓣中越冬或越夏,混在种瓣中的菌核,随播种带病种瓣进入田间传播蔓延,该病属分生孢子气传病害类型,其特点是以气传的分生孢子从寄生的种瓣和衰老叶片侵入,以分生孢子和健株接触进行再侵染。侵入后,长出白色菌丝,开始为害茎盘基部或带伤叶鞘。在田间带菌病残体落在健叶或茎上经菌丝接触,也可引起发病,并以这种方式进行重复侵染,直到条件恶化,又形成菌核落入土中或随种瓣混入种子间越冬或越夏。

该病菌喜低温高湿,一般温度在15~20℃、相对湿度在85%以上,有利于菌核的萌发和菌丝的生长、侵入。由于采用地膜覆盖,膜下长期保持高温状态(相对于湿度大于80%),有利于菌核病的发生。

【防治技术】

1)农业防治。轮作倒茬。最好种2~3年大蒜轮作1年小麦,最长连作不要超过5年。选取健康无病的大蒜留种。收获后及时清除大蒜病株残体,带出田外深埋。

2)化学防治。秋播时选用50%多菌灵粉剂或70%甲基托布津粉剂,按种子量的0.3%对水适量均匀喷布种子,闷种5h,晾干后播种。

发病前或初期,可用70%甲基托布津可湿性粉剂800~1000倍液或70%安泰生可湿性粉剂700~800倍液或75%百菌清可湿性粉剂600倍液或40%多菌灵胶悬剂800倍液或64%杀毒矾500倍液交替喷雾。中后期，可结合使用50%扑海因或43%好力克（43%戊唑醇悬浮剂）进行防治，每5~7天防治1次，连喷3~4次，防治效果较好。

掌握最佳防治时间：春季3月下旬~4月上旬，秋季10月中下旬，防治原则是以防为主，在菌核病未发生或发病初期即开始防治，选用适宜杀菌剂，交替使用。

二 大蒜细菌性病害

1. 大蒜细菌性软腐病

【发病症状】 大蒜细菌性软腐病染病后，先从叶缘或中脉发病，沿叶缘或中脉形成黄白色条斑，并逐渐扩大，可贯穿全叶片。高湿时，病部呈黄褐色软腐状。一般下部叶片先发病，后渐向顶叶扩展蔓延，致全株枯黄或死亡。

【病原、传播途径和发病条件】 大蒜细菌性软腐病病原是细菌胡萝卜软腐欧氏杆菌胡萝卜软腐致病型，病菌主要在土壤中尚未腐烂的病残体上存活越冬，条件适宜后侵染大蒜，引起大蒜软腐。病菌喜高温、潮湿环境，发病最适宜气候条件为温度25~30℃，土壤含水量高、田间湿度大、生长过旺有利于发病。雨水多的年份危害严重。发病严重时常造成叶片枯死，甚至整株枯死，直接影响产量（彩图21）。

【防治技术】

1）农业防治。选择抗病性强的大蒜品种，种植无病害的蒜种；选择排灌好、有机质丰富、保肥水强的地块种植；及时清洁田园，清除病残体，减少初侵染源；科学肥水管理，培育壮苗，提高植株抗（耐）病力。

2）化学防治。发病初期及时用药，可选用14%的络氨铜水剂350倍液，或72%的农用硫酸链霉素可溶性粉剂4000倍液，或1000万单位新植霉素可湿性粉剂4000倍液或50%的琥胶肥酸铜胶悬剂500倍液，或77%的硫酸铜钙600倍液等药剂喷雾或灌根，每7天1次，连续防治3~4次。

2. 大蒜细菌性心腐病

【发病症状】 大蒜受到病害侵染后表现为生理性失调，最初的

症状是心叶叶片基部（生长点基部）出现水渍状斑块，逐渐向下扩展到茎秆组织，进一步发展导致基部和感病的茎秆组织由内而外软化腐烂，并散发出鱼腥恶臭味。在一些发病严重的地块，发病率超过40%，严重感染的植株生长受挫、畸形，导致大蒜的产量和品质大大降低。

【病原、传播途径和发病条件】 大蒜心腐病是由细菌侵染引起的病害，与由欧氏杆菌引起的大蒜细菌性软腐病的病原不同，通过鉴定将此病原细菌暂命名为荧光假单胞杆菌葱属致病变种。

大蒜细菌性心腐病菌主要靠种蒜调运进行远距离传播，并通过病残体及雨水进行近距离传播。湿度是影响发病的主要因素，大蒜种植后，第二年2月下旬~3月上旬为多雨时期，再加上气温回升，病害开始初显症状。之后，病菌迅速传播蔓延，至3月中下旬达到发病高峰，4月上旬为发病末期。有的田块年前11月初就可显现发病症状，发病植株如不及时防治和拔除，则可导致植株整株死亡。另外，发病后进行灌溉，会加速病害的传播蔓延，导致大蒜植株发病加重。

【防治技术】

1）农业防治。对繁（留）种地块，在生长期间，尤其在发病适期，一旦发现携带有大蒜细菌性心腐病病菌，应改作他用。

精选蒜种，确保蒜种质量。选蒜种时，要剔除伤瓣、烂瓣、发软瓣、无芽瓣、病瓣等。合理轮作、合理肥水管理，多施腐熟有机肥，增施磷钾肥。要根据地块的墒情适当浇水，防止大水漫灌，确保汛期田间排水畅通。

2）化学防治。发病初期可先拔除病株，再进行田间药剂喷雾防治。药剂可选用20%的噻菌铜悬乳剂500倍液、100万单位硫酸链霉素可湿性粉剂4000倍液或1000万单位新植霉素可湿性粉剂4000倍液进行喷雾，每隔7~10天喷1次，可根据病情连续防治2~3次，用药后若遇雨，雨后需立即补喷。

【提示】 细菌性软腐病是细菌性病害，一般的杀菌剂作用不大。化学防治时必须对症下药，选用杀细菌的药剂。

三 大蒜病毒病

【发病症状】 大蒜病毒病又名花叶病,是世界性病害,也是为害大蒜最大、发病率最高的一种病害。大蒜病毒病发病症状不完全相同,归纳起来有以下几种:①叶片出现黄色条纹;②叶片扭曲、开裂、折叠,叶尖干枯,萎缩;③植株矮小、瘦弱,心叶停止生长,根系发育不良,呈黄褐色;④不抽薹或抽薹后蒜薹上有明显的黄色斑块(彩图22~彩图25)。

【病原、传播途径和发病条件】 大蒜病毒病是由多种病毒侵染引起的,病毒主要有大蒜花叶病毒和大蒜潜隐病毒。此外,还有烟草花叶病毒、韭葱黄条病毒、马铃薯A病毒、马铃薯S病毒、马铃薯M病毒等,单独或复合侵染。病毒一旦侵入蒜株体内,不但对当代有影响,而且会经鳞茎母体将病毒垂直传递给后代,导致种性退化,损失严重。病毒病还可在田间通过蚜虫、线虫、蓟马等传毒媒介传播,健康的大蒜植株也可受传染而得病,因此病毒病传染率不断扩大,引起大蒜退化,导致严重减产。高温干旱、管理粗放及与其他葱属植物连作发病重。由于大蒜系无性繁殖,以鳞茎作为播种材料,因此植株带毒能长期随其营养体蒜瓣传至下一代,以致造成田间后代植株的普遍感染。

【防治技术】

1)农业防治。选择抗(耐)病优良品种,有条件的采用脱毒大蒜作为蒜种;对种子生产进行严格管理,及时拔除病株,减少毒源;大蒜田周围避免与葱属其他作物相邻以及连作,如大葱、洋葱、韭菜等;加强田间管理,重点是肥水管理和中耕除草,使大蒜植株生长健壮,增强抗病能力;及时消灭大蒜植株生长期间及蒜头储藏期间的传毒媒介。

2)化学防治。当蒜苗长至3~7cm高时,喷施蓖麻油100倍液,或高脂膜200倍液。连续喷施数次,每隔10~15天喷1次,有助于促进植株生长,钝化病原,减轻发病。在发病初期用20%的吗胍·乙酸铜可湿性粉剂500~1000倍液,或1.5%的植病灵乳油1000倍液,每隔7~10天喷1次,连续喷雾2~3次,能有效减少病害感染。在蚜虫迁飞的季节,及时防治蚜虫。

> 【提示】 大蒜病毒病无特效药可治，必须以防为主，尽可能地切断传播途径。

第三节　主要虫害及其综合防治

大蒜主要虫害有蒜蛆、蓟马、蚜虫、螨类、潜叶蝇、粪蚊和跳虫等。

1. 蒜蛆

蒜蛆又叫根蛆、地蛆、粪蛆，常见的是种蝇和葱蝇的幼虫，是为害大蒜的一种常见地下害虫。

【为害症状】 一般春季为害重，秋季较轻。大蒜在烂母期发出特殊臭味，招致种蝇和葱蝇在表土中产卵，因此大蒜在烂母期受害最重。幼虫在葱蒜类蔬菜地下部的根与假茎间钻成孔道，蛀食心叶。使组织腐烂，叶片枯黄、萎蔫乃至成片死亡。拔出受害株可发现蛆蛹，受害蒜皮呈黄褐色腐烂，蒜头被幼虫钻蛀成孔洞，残缺不全，蒜瓣裸露、炸裂，并伴有恶臭气味。受害株易被拔出并易拔断。

【形态特征】 种蝇成虫比家蝇小，体长约6mm，暗褐色。头部银灰色，胸背上有3条褐色纵纹，全身有黑色刚毛。翅透明，翅脉黄褐色。卵长椭圆形，稍弯曲，乳白色，表面有网纹。幼虫似粪蛆（彩图26），乳黄色，体长7~9mm，尾端有7对肉质突起。蛹长4~5mm，椭圆形黄褐或红褐色，尾端有6对突起。葱蝇形态与种蝇相似。

【发生特点】 种蝇和葱蝇在北方1年发生3~4代，南方5~6代。一般以蛹在土地或粪堆中越冬，成虫和幼虫也可以越冬。第二年早春成虫开始大量出现，早晚躲在土缝中，天气晴暖时很活跃，田间成虫数量大增。种蝇和葱蝇都是腐食性害虫。成虫喜欢群集在腐烂发臭的粪肥、饼肥及厩肥等有机物中，并在上面产卵，或在植株根部附近的湿润土面、蒜苗基部的叶鞘缝内及鳞茎上产卵，卵期3~5天，卵孵化为幼虫后便开始为害，幼虫期约20天，老熟幼虫在土壤中化蛹。

【防治技术】

1）农业防治。施用腐熟的有机肥作基肥,施后及时深埋入土并与种瓣隔离。播种前剔除发霉、受伤、受冻的蒜瓣,以免腐烂时招致蛆蝇产卵。选用无病、无伤、大小均匀的新鲜蒜种;农家肥要充分腐熟深施;蒜蛆喜湿怕干,在大蒜根部周围,顺沟每亩施草木灰150kg,蒜蛆忌灰,防治效果较好;蒜蛆发生地块,必要时大水漫灌1次,可减轻发生。

氮硫肥对蒜蛆有一定驱杀作用,结合浇水追施可减轻受害程度。

2）物理防治。在根蛆成虫发生期用糖醋液诱杀。糖2份、醋2份,加少量水和敌百虫,用盆盛放在田间诱杀。也可用红糖、醋、水按1:1:2.5的比例配成诱杀液,并加入锯末和敌百虫拌匀,放入诱集盆中,在大蒜连片地诱杀成虫。这样在产卵前杀灭成虫,可起到事半功倍的效果。

3）化学防治。在成虫产卵期用1.8%的齐螨丁1000倍液喷杀成虫及卵,每7天喷1次,连喷2次,减少成虫产卵基数,减轻危害。播前处理:经过选种,剔除烂瓣后,用0.5kg乐果乳剂兑水3kg,稀释后可拌100kg蒜瓣。也可每亩用敌百虫粉1.5~2kg,兑细干土25kg,撒在沟里。成虫发生期,喷50%的敌敌畏或50%的辛硫磷1000倍液消灭成虫。幼虫发生期,用蒜蛆一遍净或48%的乐斯本乳油1500倍液、52.25%的农地乐乳油1500倍液、50%的辛硫磷800倍液或90%的敌百虫1000倍液灌根,每7~10天灌1次,连续2~3次。也可用48%的乐斯本乳油,随春季第一次灌水施入,每亩施375~750mL。

> **【提示】** 注意防治时期。蒜蛆成虫发生高峰期和卵孵化高峰期,是杀灭害虫的有效时期,要抓住这两个关键时期集中防治。在第一代(也是为害最严重的一代)幼虫发生高峰期,要重点防治,以消灭初期幼虫。

2. 蓟马

蓟马又叫烟蓟马、棉蓟马,主要为害葱蒜类蔬菜,还可以为害瓜类和茄果类蔬菜。

【为害症状】 蓟马主要为害心叶、嫩芽、叶片、叶鞘。成虫和

若虫以锉吸式口器吸取叶片中的汁液,受害叶片形成许多长形的灰白色的斑点,严重时叶片扭曲、皱缩、枯黄(彩图27)。危害严重时枯斑连片,斑点密集成大型长斑,叶片发黄萎蔫,或扭曲畸形,甚至整个植株枯萎死亡。

【形态特征】 成虫虫体细小,长约1~3mm。体色从浅黄色至深褐色;翅细长、透明、浅褐色,翅的周缘密生细长毛。卵小,肾形,乳白色。若虫如针尖大小,全体呈浅黄色,形状似成虫,无翅或仅有翅芽。伪蛹深褐色,形似若虫,生有翅芽。

【发生特点】 蓟马在华北地区1年发生3~4代,华东地区6~10代,华南地区达20多代。主要以成虫和若虫潜藏在葱、蒜类蔬菜的叶鞘内及在杂草、枯枝、落叶和土缝中越冬,第二年春开始活动,继续为害。成虫性活泼,善飞翔,可借风势传播远方,怕阳光直射,白天躲在叶背面或叶鞘内,早晚和阴天转移到叶面取食。成虫在叶和叶鞘组织中产卵,卵散生。

该虫喜温暖、干旱,多雨则影响其活动和生存。北方5月上旬~6月上旬,南方10月下旬~11月上旬,天气若温暖、少雨干旱,则有利于其发生为害,损失严重。

【防治技术】

1)农业防治。冬春铲除杂草及枯老落叶,可减少越冬虫量;实行轮作倒茬;播前翻耕或生长期中耕可杀死一部分虫体,并有促进大蒜生长的作用;蓟马发生数量较多时,可增加灌水次数或灌水量,淹死一部分虫体,并提高田间小气候湿度,创造不利于蓟马发生的生态环境。

2)物理防治。蓝板诱杀技术是根据害虫的趋蓝色性原理,用凡士林、黄油等专用环保胶剂制成的蓝色胶板(蓝板)进行诱杀害虫的一种物理防治技术。选用25cm×40cm的蓝色粘虫板,插或挂于田间,并高出植株顶部,每20~30m^{2}挂1块。可有效地减少虫口密度。不造成农药残留和害虫抗药性,可兼治多种虫害。

3)化学防治。选用5%的啶虫脒乳油3000倍液、10%的吡虫啉可湿性粉剂3000倍液、35%的硫丹乳油2000倍液、4%的鱼藤精800倍液等药剂进行喷雾防治。

3. 蚜虫

【为害症状】 大蒜蚜虫有桃蚜（又称烟蚜、桃赤蚜）、葱蚜两种，属同翅目蚜科。国内各蒜区尤以桃蚜为主，其寄主多达38科144种。为害造成蒜叶卷缩变形、褪绿变黄而枯干；同时传播大蒜花叶病毒，导致大蒜种性退化。

【形态特征】 有翅蚜体长2mm左右，头、胸部黑色，腹部浅绿色、橘红色，胸翅透明，腹管黑色，细长筒形。无翅蚜体肥硕、卵圆形，体色黄绿或橘红，胸部无翅，腹管浅黑色，尖筒形。卵椭圆形，初呈浅黄色，后变黑色，有光泽。

【发生特点】 蚜虫以卵在蔬菜、棉花或桃树枝上越冬，也可以成蚜和若蚜在温室、大棚、菜窖等比较温暖的场所越冬并继续为害，靠有翅蚜迁飞扩散。趋黄色和嫩绿色，避银灰色，有假死性。温暖爽润的气候利于蚜虫发生，春、秋两季为害严重，尤其是久旱遇雨初晴时常大发生，而夏季高温为害减轻。

【防治技术】

1）农业防治。合理作物布局，蒜地应远离十字花科和茄科蔬菜及桃园等。在秋季蚜虫迁飞前，清除田间的杂草、残株、落叶等，以减少虫口密度。

2）物理防治。利用蚜虫对不同颜色光线的趋避性进行诱蚜或驱蚜。诱蚜的方法是：用木板、玻璃或白色塑料薄膜制成长1m、宽0.2m长方形牌子，正反两面都涂上橙黄色涂料，再刷上10号机油。把黄板插在田间，引诱有翅蚜飞到黄牌上被粘住（彩图28），每亩需设黄板30块。拒蚜的方法是：将银灰色塑料薄膜剪成宽20cm左右的条带，两端拴在竹竿上，插在田间植株的上方，可以起到避蚜作用，减少有翅蚜的迁入。

3）生物防治。利用蚜虫的天敌如七星瓢虫、草蛉、食蚜蝇幼虫等扑食蚜虫。

4）农药防治。及早喷药防治，把蚜虫消灭在点、片阶段。用于喷布的农药可选用10%的吡虫啉2000倍液，或40%的乐果乳油1500倍液，或50%的辛硫磷乳油1000倍液。最好用不同药剂轮换喷施，以免蚜虫产生抗药性。

> 【提示】蚜虫繁殖和适应力强，各种防治方法都很难取得根治的效果。对于蚜虫防治，重要的是及时治疗，避免蚜虫大量发生。

4. 螨类

目前已初步明确为害大蒜的螨类有刺足根螨、腐嗜酪螨和瘿螨3种，它们都具有分布广、繁殖快、为害重的特点。其中，刺足根螨是大蒜田间及储藏期间的危险害虫；腐嗜酪螨主要为害储藏蒜头；瘿螨除了为害葱蒜类蔬菜外，还为害麦类、玉米及树木等。

【为害症状及发生特点】

1）刺足根螨。大蒜刺足根螨以成、若螨在受害植株内或土壤中越冬。在露地栽培条件下1年发生9代，发育适温为20~25℃。在生长期内一般20~30天繁殖1代。成螨在大蒜鳞茎基部的凹陷处产卵，4月下旬~5月上旬开始为害，4月下旬~5月上旬进入为害盛期。易发生在有机质丰富的酸性沙质土壤中，连作地块发生重。

刺足根螨在大蒜生长期及储藏期均以成、若螨刺吸为害。在田间可为害土表以下的叶鞘、假茎、鳞茎及须根基部。为害假茎或鳞茎时，一般由外向内取食，使受害组织坏死变褐。根部受害后，须根减少，根系不发达，受害严重时须根脱落。受害部位易受细菌侵染而发生软腐病，主要表现为组织腐烂并伴有恶臭味。受害植株地上部分表现为植株矮小、生长缓慢、下部叶片先黄化、干枯，继而上部叶片也相继变黄，植株提早死亡。刺足根螨在大蒜储藏期可为害蒜头，高湿时受害蒜头腐烂发臭，干燥时成为空壳。

2）腐嗜酪螨。腐嗜酪螨以卵、若螨或成螨在蒜头内越冬。成螨产卵于蒜瓣基部缝隙处，或在受害部位的孔洞中产卵。繁殖适温为20~24℃，最适空气相对湿度为80%~90%。腐嗜酪螨具群居性，喜生活在潮湿的环境中。

主要为害储藏期蒜头，田间发生较轻。该螨以成、若螨为害蒜头时，首先刺吸蒜瓣表面，以后逐渐蛀入蒜瓣内部，形成许多不规则的孔洞。高湿时受害处易感染多种病菌，引起蒜头腐烂发臭，在干燥条件下则枯黄干瘪。田间植株以鳞茎基部受害较为常见，受害部位易并发软腐病，导致地上部分枯黄甚至死亡。

3）瘿螨。瘿螨主要随储藏的蒜头越冬。繁殖的最适气温为15～20℃，最适相对湿度为70%～95%。气温低于3℃、相对湿度低于60%时，生育停止。

主要为害储藏的蒜头，有时田间蒜头也可受害。以成螨、若螨直接在蒜瓣表面刺吸汁液为害，使蒜肉逐渐萎蔫并软化变褐，继而缓慢干枯，最后形成空壳的蒜头，高湿时受害蒜头腐烂发臭。瘿螨还是病毒病的传毒媒介，具有带毒量大、毒期长、传毒快、危害重的特点。被瘿螨为害过的大蒜用作种蒜时，幼苗出土后即表现出病毒病症状，轻病株表现为生长缓慢，不形成蒜头，或形成小蒜头及独头蒜，受害严重者出苗后即陆续死亡，导致田间缺苗。若用受害大蒜连续作种，会使产量逐年降低，甚至绝收。

【防治技术】

1）农业防治。大蒜收获后及时清理蒜株残体，深翻晒土，以减少越夏害螨；避免与大葱、洋葱、韭菜等葱蒜类蔬菜连作或邻作，实行3～4年轮作；播种前严格选种，淘汰有病、虫的种蒜，施用充分腐熟的有机肥，增施磷钾肥，提高大蒜的抗逆能力。

2）化学防治。蒜头储藏期间如发现螨害时，可用硫黄粉熏蒸。每立方米空间用硫黄粉100g，加入少量锯木屑，拌匀后装在容器中，放在蒜头储藏室内，点燃后将门窗封闭，熏蒸24h，杀螨效果达100%，对卵无效，可待卵孵化后再熏蒸1次。

对于带有害螨的蒜种，可在播种前用50%的辛硫磷乳油1000～1500倍液浸泡24h后再播种。田间防治以防治刺足根螨为主，可在4月上、中旬结合防治地蛆用48%的乐斯本乳油1000倍液、50%的辛硫磷乳油1000～1500倍液喷注于大蒜基部，也可用以上药剂随灌溉水冲施防治。

5. 豌豆潜叶蝇

【发生特点】 豌豆潜叶蝇俗称夹叶虫、叶蛆。豌豆潜叶蝇1年发生多代。多以蛹在受害的叶内和土表越冬。早春天气转暖后成虫出现。在大蒜叶背产卵，多数产在叶背边缘的叶肉组织里。卵孵化为幼虫后，潜入叶片上下表皮间食取叶肉，使受害叶片出现许多灰

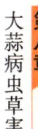

白色、弯弯曲曲的潜道。随着幼虫的长大，潜道由细变粗，最后在潜道末端化蛹，或在叶表皮破裂落土里化蛹。严重时1片叶中有幼虫数十头，叶肉几乎全部被吃光，仅剩下两层表皮，致使叶片干枯。春、秋两季为害较重，夏季为害较轻。

【防治技术】

1）农业防治。大蒜收获后及时处理残株枯叶；蒜田尽量不与春秋季有蜜源的作物间套种或邻作，控制成虫补充营养，降低其繁殖力；采用灭蝇纸诱杀成虫，在成虫始盛期至盛末期，每亩设置15个诱杀点，每个点放置1张诱蝇纸诱杀成虫，3~4天更换1次。

2）化学防治。利用成虫吸食花蜜习性，用30%的糖水+0.05%的敌百虫诱杀成虫；在成虫产卵盛期或孵化初期，用20%的氰戊菊酯乳油300倍液，或50%的辛硫磷乳油1000倍液或40.7%的乐斯本乳油800~1000倍液，喷雾防治，每隔7天用药1次，连续用药2~3次效果较好。

6. 大蒜粪蚊

【发生特点】 大蒜粪蚊属双翅目粪蚊科的害虫，在大蒜整个生育期都可为害，是大蒜生产上的危险性害虫。大蒜粪蚊以蛹或老熟幼虫在土壤或受害蒜头中越冬。成虫在蒜株根部土壤表层内产卵，多数堆产，少数散产。幼虫具群居性，在受害蒜株内常有数条乃至数十条聚集在一起。生育期适温为15~27℃，适宜的土壤湿度为土壤相对持水量的95%。成虫具趋腐性，幼虫喜欢在潮湿、弱光及腐烂环境中生活。

大蒜粪蚊在大蒜整个生育期都可为害，是大蒜生产上的危险害虫。初孵幼虫聚集在大蒜的假茎基部，出外向内蛀食，破坏假茎组织，使植株萎蔫至死。当蒜瓣形成时，幼虫则蛀食蒜瓣外的嫩皮部分，使蒜瓣变软、变褐、腐烂，瓣肉裸露，甚至引起整个蒜头腐烂。

【防治技术】

1）农业防治。避免连作，实行3~4年轮作；春播地区于秋季深耕翻地，消灭越冬虫蛹及幼虫；秋播地区于夏季深耕翻地，实行晾晒土壤，消灭残留在土壤中的虫蛹及幼虫；大蒜生长期间加强除草、松土，使植株根际周围的表土干燥，抑制虫卵孵化和幼虫活动。

2）化学防治。具体方法同大蒜蒜蛆的化学防治措施。

7. 蛴螬

【发生特点】 蛴螬是金龟甲的幼虫,又名白地蚕、地蚕等,为害各种蔬菜,是杂食性害虫。其幼虫长期蛰居土中生活,1~2年发生1代,蛴螬危害活动与土壤温度、湿度有密切关系,低温为12~18℃活动最旺盛,25℃以上向深土层移动,土壤含水量为15%~20%时最适宜其活动,干旱时钻入土壤深层。

蛴螬幼虫（彩图29）取食萌发的大蒜鳞茎,造成缺苗,还可咬断幼苗的根,咬伤鳞茎和假茎基部,引起变色腐烂,受害株叶片发黄、萎蔫甚至枯死。

【防治技术】

1）农业防治。冬耕可以将蛴螬越冬幼虫、成虫翻到土表面冻死、晒死,或被天敌捕食,夏耕时土温高、湿度小,蛴螬会自然死亡；整地时施用腐熟的有机肥,以改善土壤结构,促进根系发育,增强抗虫能力；利用金龟甲类的趋光性,设置黑光灯诱杀；还可用性诱剂诱杀。

2）化学防治。用辛硫磷均匀撒施于播前地块的表面,然后翻入土中,也可将药剂与肥料混合,条施或沟施。用50%辛硫磷乳油250~300mL,加3~5倍水,喷布在25~30kg的细土中,边喷边拌匀,制成毒土,撒施后浅耕。

还可以采用毒饵诱杀,每亩地用辛硫磷胶囊剂150~200g拌谷子等饵料5kg,或50%的辛硫磷乳油50~100g拌饵料3~4kg,撒于田中,也可收到良好防治效果。

【提示】 对大蒜虫害防治应以应用黑光灯、色板、性诱剂等诱杀和趋避为主,化学防治为辅。

第四节 主要草害及其综合防治

【蒜地草害特点】

1）发生早,早期为害重。早秋杂草在大蒜尚未出苗时就发生。

蒜叶窄,冬前不易形成郁闭,处于劣势;而杂草生长比大蒜快且旺,根系庞大,竞争优势强。

2)发生为害期长。蒜田杂草从栽蒜到收获陆续发生。秋播蒜田可分早秋、晚秋、早春、晚春4个草害期。

3)草相杂。大蒜草害主要分为阔叶类和禾本科两大类,其中阔叶类杂草有牛繁缕、猪殃殃、荠菜、婆婆纳、大蓟、小旋花、播娘蒿等,禾本科杂草有硬草、看麦娘、燕麦、野燕麦、马唐、狗尾草、牛筋草、三棱草等,一般每平方米有10~18株,高的达30株以上。

【防治技术】

1)农业措施。

①南方水田的水稻与大蒜轮作,旱地的红薯与大蒜轮作;北方春播地区实行的土豆或黄瓜或西葫芦—白菜—大蒜轮作,都有利于减少蒜地杂草。

②深翻整地,将表土层草种子翻入20cm以下抑制出草。同时拾除深层翻上来的草根(如小旋花)。

③适期播种、合理密植,创造一个利于大蒜生长发育而不利于杂草生存竞争的空间环境。

④覆盖有色地膜或除草地膜,可以采用除草药膜和黑色地膜或光降解地膜,使增温保墒和除草及环保有机结合。

⑤人工除草。在大蒜生长期通过锄地去除行间及株间的杂草,株距较小时,需要人工拔除杂草。

2)化学除草剂。用44%的三元复配除草剂(二甲戊乐灵10%+乙氧氟草醚4%+乙草胺30%)400mL/亩,兑水50~70kg/亩于大蒜播种盖土后进行均匀喷施。有野燕麦、看麦娘的田块另加960g/L的精异丙甲草胺100~150mL/亩。

最好的用药时期是播后1~2天到出苗前,最迟应在立针期前施药。选在早晨或傍晚用药。避免晴天中午施药。配药时最好用二次稀释法配药。喷药时边退边打边盖膜。注意脚不要踩着打过药的地方,以免破坏药膜形成,影响除草效果。在播种浇水后喷施33%的二甲戊乐灵乳油140mL/亩、20%的乙氧氟草醚乳油30mL/亩防治播后冬前一年生双子叶杂草效果较好;喷施33%的乙氧氟草醚乳油140mL/亩+23.5%的割地草乳油20mL/亩对大蒜田秋季、早春双、单子叶杂草均有较好防效,在喷施除草剂后马上覆盖地膜。

> 【提示】 使用除草剂一定要注意看清楚说明书,弄明白剂量和除草范围,不可乱用,避免发生药害。

第九章
大蒜储藏保鲜与加工技术

第一节　大蒜储藏保鲜技术

蒜头和蒜薹生产的季节性较强，收获期集中，如果不采取有效的储藏保鲜措施，不但满足不了消费者的需求，而且会给生产者和经营者造成重大的经济损失。因此，研究、推广蒜薹和蒜头储藏保鲜技术，对调节市场供应，促进大蒜生产发展有重要作用。

一、蒜头储藏

收获后的大蒜，直到加工食用前，仍然是一个独立的生物体。其生命活动的主要表现为呼吸作用仍在不断地进行，呼吸作用能维持生命活动所必需，同时它又消耗大量的有机物质，使蒜头风味、品质变劣，因此，储藏保鲜的中心环节就是创造条件使呼吸作用降到最低限度而又能维持其生命活动水平，以延长大蒜的休眠期，抑制其发芽。

秋播地区在自然温度下储藏的蒜头，只有2~3个月的休眠期，一般在9月以内基本上可以保持原有品质，陆续投放市场。进入10月以后，一些品种休眠期结束，发芽叶迅速生长，伸出发芽。蒜瓣中的养分被消耗掉，肉质变松软，水分减少，味道变淡，品质下降。所以10月~第二年5月，在长达8个月的时间里，没有或很少有优质的新鲜蒜头上市，能够供给市场的只有保鲜后的大蒜。要控制大蒜新鲜度的下降和品质变劣，必须根据大蒜的采后生理变化、大蒜储藏期对环境条件的不同要求,结合各地的自然和生长条件,采取相对应的保鲜储藏方式。

1. 简易鲜藏

大蒜的简易鲜藏,既不需要特殊复杂的工艺设备,更不需要固定的储存场所。因地制宜,就地取材,是在自然温度状态下的储藏方式,其优点是简便易行,成本低,是常用的储藏方式。简易鲜藏包括挂藏、架藏法,因气候的差异有的地方采用坑藏和窖藏等法。若这些传统工艺管理适当,也会收到良好的效果。但是简易鲜藏却受到自然气候条件的限制,在高寒地区和高温季节难以推广。故这种方法虽可一定程度地控制大蒜的发芽和腐烂,并可储存到第二年,但储存质量无法与现代储藏方法相比,不仅蒜瓣内幼芽已萌发一定长度,而且损耗也大,不能进行大规模优质储藏,外销、内销已无市场。而且储藏期较短,易发生虫蛀和霉变。目前只能作少量、小范围、短期的储藏或自留蒜种储藏。

(1) **挂藏法** 在南方多雨地区,为防止大蒜霉烂变质,因此大蒜收获后,排放在干燥的地面,在阳光下晒2~4天,使叶鞘、鳞茎充分干燥,促使蒜头迅速进入休眠期。有条件的地方,在大蒜收获后,稍加晾晒,去掉叶片,使用干燥机或采用自制烘房,温度控制在30~40℃,相对湿度控制在40%~60%,进行快速干燥鳞茎而使之进入休眠期。

干燥后的大蒜进行挑选,剔除机械损伤、病虫害(这道工序也可在干燥前进行)的蒜头,稍晾,使叶片变软,然后每30~60个蒜头编成一组,每两组合在一起(切忌打捆),挂在通风良好的屋檐下或其他地方进行储存,不宜挂得太密。当然编好后的蒜头,放入通风库储存则更好。

储藏过程中注意勿使蒜头受潮、雨淋、防热、防磕碰,并保持通风良好。

(2) **架藏法** 架藏在我国东北和西北地区广泛采用。但此法采收时用工量大,运输周转慢,库容量小。因而不适宜商业大批量储存,只适于就地储存。采用此法储藏,既能通风良好,又能防止通风过度。

与挂藏法一样，先将蒜头编组成辫。选择通风良好、干燥的室内场地。室内放置木制或竹制的梯架，架形有台形梯架、锥形梯架等。梯架横隔间距要大，蒜架的两排固定的架柱，间隔1.5m左右。在架柱间设立若干层固定或活动的横杆，每层距离25cm左右，在同层的两排横杆上，平架几对活动架杆，将经晾晒、编辫的蒜头摆放在分层的梯架上。放置不要过密、过厚，管理上要经常翻倒，以利通风储藏。架储蒜在层间都有一定空隙，从而提高了蒜体周围的通风散热作用。储存初期每隔2~3天上下倒翻1次，并随时剔除腐蒜、病蒜。注意通风，切忌受潮湿和雨淋。如果能在通风库内架藏就更理想了，架藏倒蒜次数少，效果好，损耗低，储藏期长。

储藏时，将挑选过的大蒜放在竖式储藏架上即可。堆的层次要适当，防止过高而引起压伤或倒塌。上下层之间应保留一定的空隙，以便观察与检查。当天气寒冷时，可在架的周围用草包围住保暖；气温升高时，加强通风，以利散热干燥，减少病原微生物的滋生与危害。

(3) 坑藏法 在10月下旬选向阳避风的地方挖30~40cm深的坑，长和宽依储藏量而定，将大蒜进行坑藏，第二年初春取出。常见的坑藏方法有以下几种。

1）堆积法：将大蒜散于坑内，再用土或沙覆盖。

2）层积法：在坑内堆放一层大蒜，撒一层土或沙，层积到一定高度后，再用土或沙覆盖。

3）混沙埋藏法：将大蒜与沙混合后堆放于坑内，再进行覆盖。

4）筐埋：将大蒜装入筐后入坑埋藏。

坑藏地点应选择地势高燥、排水良好、地下水位较低的地方，春季坑底部与地下水位的距离应在1m以上。坑的方向要根据当地气候条件来决定。在比较寒冷的地区，为减少冬季寒风的直接袭击，以南北方向为宜；在较为温暖的东南和西南地区，多采用东西方向，以便增大迎风面，加强初期的降温效果。坑的深度要根据当地冻土层的厚度而定，如在冻土层厚约60~80cm的地方，因在冻土层以下储藏，既不使大蒜受冻，又可得到较低的储温，所以坑的深度应1m左右为宜。

大蒜坑藏后，坑内能保持较高而又稳定的相对湿度，这样可以防止大蒜失水，减少失重。坑藏的大蒜在进行覆土后，易于积累一定量的二氧化碳，可形成一个自发的气调环境条件，能够降低大蒜的呼吸和微生物活动，可以减少腐烂损失并延长储藏期。

坑藏的效果除受地温影响外，还与坑的宽度有关，这是因为宽度改变了，气温和地温的作用面积的比例也相应改变。加大宽度，在一定程度上会使气温的影响增加，尤其是储藏初期和后期，坑内温度升高快，而到冬季又受外温影响大，会使埋藏坑保温性能降低，使大蒜受冻。因此，坑的宽度以1.5m左右为宜，若需要加大储藏量时，可用增加坑的长度来解决。在积雪较多的地区，可沿坑长方向设置排水沟，以备积雪融化时排水之用。

大蒜的坑藏管理工作主要有以下几个方面。

① 预储。需坑藏的大蒜，由于当时地温和气温较高，加之大蒜的呼吸强度及所带的田间热较大，不能立即埋藏，需预储一段时间，待气温下降到一定程度时再埋藏。

② 不同储藏时期温度的控制。储藏初期，从11月上中旬～12月上旬，在这个时期，气温下降较快，昼夜温差大，地温下降较慢，并经常保持在10℃以上。因此，在白天气温较高时，要盖草席遮阳，夜间气温较低时，揭开草席通风，以便降低坑内温度。储藏中期从12月中旬到第二年2月中旬，这个时期正值严寒季节，气温和地温均较低，既要充分利用地温保持储藏环境的适宜低温，又要防止因气温过低而使大蒜受冻，常用的方法是增加覆土厚度或用覆盖物防寒保温。储藏后期，从2月中旬～4月中下旬。这个时期气温回升很快，而地温回升很慢，要注意保持坑内低温，以延长储藏期。

③ 通风换气。坑藏法不便设置通风设备，但在生产中群众创造出一些简易的通风方法，即将玉米秆或高粱秆捆成捆，每捆粗10～20cm，在大蒜入坑的同时，每隔1.5m左右将捆竖放于坑的中部，下端接触坑底，上端露出地面，以此进行通风换气。

④ 设置风障与荫障。在比较寒冷的地区，常常在埋藏坑的北侧设置风障，以阻挡寒风的袭击；在冬季较温暖的地区，常在坑的南侧设置荫障，以减少阳光照射，降低地温。

坑藏法结构简单，建造成本低。若管理恰当，可储藏到第二年2~3月，其自然损耗较低，适合于就地储藏。

（4）窖藏法 窖藏在北方较普遍，南方也有使用。如山西、陕西、河南等地的窑洞和四川南充等地的地窖。这些窖多是根据当地自然地理条件的特点建造的。它既能利用稳定的土温，又可以利用简单的通风设备来调节和控制窖内温度。大蒜可以随时入窖或出窖，并能及时检查储藏情况。

储存窖多数为地下式或半地下式。原理是利用地下温度、湿度受外界条件影响较小的特点，创造了一个比较稳定的鲜藏环境。秋冬气温下降后，由于土壤导热系数小，降温较慢。越是土深的地方，降温越慢，温度较恒定。采用一定土深，能够保温保湿、以恒定储藏温度。窖深随各地的气温和大蒜的种类而定，一般来说，北方较深，南方较浅。

窖藏法在我国使用较普遍，特别是在东北等寒冷的地区，窖藏大蒜较为理想。窖址宜选在土质坚硬、地势高燥的地方，窖内的密闭环境稳定，低温低湿。窖的形式多种多样，采用较多的是窑窖、井窖。大蒜在窖内可以散堆、也可以围垛。最好是在窖底铺一层干麦秆或谷壳，然后按一层大蒜一层麦秆或谷壳堆垛，不要堆得太厚，窖内要设置通气孔。有条件的地方，也可以用现有的防空洞或地下室加以改造，即可鲜藏大蒜。

> ⚠️ **【注意】** 窖藏大蒜的窖址一定要选在干燥、地势高、不积水、通风好的地方。窖内温度由窖的深浅决定，要经常清理窖，及时剔除病变烂蒜。

（5）棚窖法 棚窖是一种普遍采用的临时性简易储藏场所。每年秋季储蒜前建窖，储藏结束后用土填平。建窖时，窖址要选择在地势高燥、地下水位较低和空气畅通的地方。窖的方向以南北向为宜。根据入土深浅可分为地下式和半地下式两种。在比较温暖或地下水位较低的地区，多采用半地下式窖，即一部分窖身在地面以下，另一部分在地面上筑土墙，再加棚顶。建窖时，先挖一长方形窖身，窖身入土1.0~1.3m，然后在窖身的四周筑起高0.5~1.0m的土墙，土墙基部厚0.6~0.8m，上部厚0.5~0.6m，然后在土墙上盖棚顶。在比较寒冷的地区多采用地下式，即窖身全部在地下，入土深2.5~3.0m，仅窖顶露出地面，这样保温效果较好，可以避免冻害。

棚顶的用料可就地取材。搭棚顶时，先用木料搭好棚架，再将成捆的秫秸铺放于木架上，最后覆土压实。

窖内的温度、湿度是依靠通风换气来调节的。因此，建窖时需设有天窗、窖眼等通风设备。如窖为各距1.0~1.5m处开始，在窖顶的中央沿着窖长的方向，开一个宽约0.5m、长2m的天窗。除设天窗外，还可在半地下式棚窖窖墙的基部及两端窖墙的上部，每隔1.6m左右开设一个口径为25cm的窖眼，起辅助通风的作用。窖门常设在窖的南侧或东侧，也有将天窗兼作门用的，不用另设门。

棚窖的管理应注意以下几点：大蒜入窖初期，应昼夜打开所有排气孔，以排出大量呼吸热和所带田间热，从而降低窖温。到了寒冷季节，应将天窗关闭并用草席等物覆盖，用草或土封堵窖眼，窖门上应挂上草帘或棉帘等进行防寒，需要通风时，可在气温比较高的中午将天窗打开，进行短时间的通风换气。到了第二年春季，窖温随气温渐渐升高，应利用夜间较低的气温进行通风换气，在通风换气的同时，还可以将窖内积累的二氧化碳、乙烯等气体排出窖外，并将新鲜空气导入窖内。窖内湿度不足时，可用地面上喷水或挂湿麻袋片的方式来进行调节。码垛时，蒜筐与周围窖墙、窖顶、地面间都应留有一定距离，以利空气流通。

2. 通风库储藏保鲜

通风库的储藏原理是在有良好的隔热保温性能的库房内，设置有较完善而灵活的通风系统，利用昼夜温差，通过导气设备，将库外低温空气导入库内，再将库内热空气、乙烯等不良气体通过排气设备排出库外，从而使库内保持比较稳定、适宜的储藏环境。但是，由于通风库是依靠自然温度冷却储藏的一种储藏保鲜方式，因此，受气温限制较大，尤其是在储藏初期和后期，库温较高，难以控制，影响储藏效果。为了弥补这一不足，可利用电风扇、鼓风机、加冰或机械制冷等方法来加速降低库温，以进一步提高储藏保鲜效果，延长储藏期。

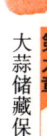

通风储藏库是在窖藏的基础上发展起来的,但又不完全同于窖藏,其有自己显著的特点:有完善的绝热和通风设备,可以人为地控制库内温度、湿度,达到储藏保鲜环境的要求。出入自由,随时取舍,以掌握储藏保鲜情况。库存量大,适用范围广,不仅适用于大蒜的储藏,而且适用于其他果蔬产品的储藏。

(1) 大蒜入库前的准备 为了防止和减少大蒜在储藏过程中病、虫的危害,每次出完储藏产品后,要彻底清扫库房,一切可以移动、拆卸的设备、用具都搬至库外进行日光消毒。将库房的门窗全部打开通风,然后进行库房消毒。一般常用的消毒方法:一是用硫黄熏蒸,以每 $100m^3$ 容积用 $1.0 \sim 1.5kg$,用锯末与硫黄混合,点燃锯末,发烟后将各种用具一并放入库内,密闭 $2 \sim 3$ 天,然后打开门窗通风,排尽残药;二是用 $1\% \sim 2\%$ 甲醛或漂白粉液喷洒;三是用剂量为 $30 \sim 50mg/m^3$ 的臭氧消毒处理,还有去除异味的作用。库墙、库顶及菜架等用石灰浆加 2% 硫酸铜刷白。使用完毕的菜筐、菜箱应随即洗净,用漂白粉液或 5% 硫酸铜液浸泡,晒干备用。

为了给大蒜储藏创造一个低温环境,在大蒜入库前 $10 \sim 15$ 天进行消毒处理后,白天密闭库房,夜间进行通风,尽量保持库内低温。在大蒜入库前,如果库内湿度低于适宜储藏的相对湿度,应在地面进行喷水。在库房内的不同部位应放置温、湿度计,以便及时观察和了解库内温、湿度情况,从而采取控制调节措施。

(2) 大蒜的入库和摆放 大蒜采收后,入储前最好先经预冷或在阴凉通风处进行短时间预储,然后在夜间入库,这样可以避免库外高温对库温的影响。

各种大蒜产品储藏时都应先用菜筐装盛,再在库内堆成垛,或堆放在分层的菜架或仓柜内。装蒜的菜筐应该大小一致,容量适当,轻便而又坚实耐用,便于堆垛。容器底和四周要有孔洞以利于通气。菜筐在库内堆垛时应留有间隙,蒜垛与四周库壁、库顶、地面以及蒜垛之间都应留有一定空间,以利空气流通。各种储蒜用具的材料应该经久耐用,不易霉烂腐蚀,不会变形,没有异味,不对产品造成二次污染。

(3) 大蒜入库后的管理 大蒜入储初期,一般都要尽量增大通风量，使库内温度迅速降低。随着气温逐渐下降，要减小通风量，到最寒冷的季节时关闭全部进气窗，并缩短通风时间。

在增大通风量的同时，也改变着库内的相对湿度，一般来说，通风量越大，库内湿度越低。所以储藏初期，库内相对湿度较低，大蒜易发生脱水，这时可采用喷水方法维持库内相对湿度在80%~90%。在寒冷季节，由于通风量减小，库内湿度太高，可适当加大通风量，或辅以吸湿材料来降低库内较高的湿度。

3. 机械冷藏

机械冷藏是借助机械制冷系统来降低储藏环境的温度，它是大蒜实现安全储存的高级形式。冷库的管理主要是库内温度、湿度的控制和调节通风。

冷库内的温度要保持恒定，库内不同位置要分别放置温度计，保持温度在-1~3℃，且分布均匀；库内空气湿度也需经常测定，保持在50%~60%的相对湿度，若湿度过高可在库内墙根处放吸湿剂；库内通风装置在设计时解决，或在过道上安放电风扇，加强空气流通。出库时，大蒜应先缓慢升温，并注意通风，以缩小库内、外温度差，防止大蒜鳞茎表层结露。

二 蒜薹储藏

蒜薹中含有丰富的粗蛋白和多种维生素及矿物质，因味道鲜美，而深受人们喜爱。由于蒜薹收获期多在4~9月，正值高温季节，所以收获后极易老化和腐烂，而失去食用价值。但在适宜的储藏条件下，也可储藏保鲜6~10个月。用于储藏的蒜薹应选成熟度适宜、薹长粗壮、色泽鲜绿、薹苞发育良好、梢长、无病虫害的蒜薹。具体做法如下。

1. 要进行正确的采收和运输

对于需储藏保鲜的蒜薹，采收时要避开清晨的露水和午间的高温，宜在上午8:00~9:00露水干后或午后5:00~6:00温度低时采收。如果遇下雨天气要等雨后3~4天再采收。采收时应选择生长健壮、无病虫害的田块，将蒜苗外叶剥下，蒜薹自根部剪下，用已消毒并衬有干净塑料薄膜的菜筐盛装。采收和运输时要轻拿轻放，避免碰撞和挤压造成的机械伤害，采收后要及时放在阴凉处通风降温，预冷散热。

2. 要创造适宜的储藏条件

蒜薹在储藏过程中，其呼吸作用、水分蒸发等生理活动及病害的发生均与储藏环境的温度、湿度有密切的关系。蒜薹适宜的储藏温度为0~0.5℃，相对湿度为90%~95%，气体成分中氧气的含量为2%~4%，二氧化碳的含量为6%~8%，而且要保持相对恒定的环境条件，切忌温、湿度忽高忽低引起蒜薹病害的发生而影响储存。

3. 选择适宜的储藏方法

（1）冰窖储藏法 将挑选好的蒜薹去掉老根，扒去叶鞘，每1kg一捆装入蒲包，每包10~15kg，外用绳子捆好，及时入窖。将冬天采好的冰块在窖内储藏备用，储藏蒜薹时，先在窖底铺两层冰块，窖壁也码两列冰块，然后在冰面上码垛蒜薹，一层冰块，一层蒜薹码垛，共3~5层蒜薹，每层蒜薹中间用碎冰填满，最上面冰层面上用稻壳覆盖隔热，厚度约1m左右，窖门用泥糊封。根据窖底流出水的气味和色泽判断窖内蒜薹储藏情况。采用此法一般蒜薹可储存至元旦或春节。

（2）小包装袋自然气调法 将挑选好的蒜薹捆成小把，在预冷间内预冷至0℃，装入厚度为0.06~0.08cm的聚乙烯塑料薄膜袋内，每袋为15~20kg，为袋内空隙的50%~60%，将塑料袋放在储藏架上，维持库内温度0℃±0.5℃，储藏期间可采用定期换气的办法来调节袋内气体成分，一般在前期每隔10天，后期每隔7天解开口袋换气1次。

（3）气调储藏 气调储藏是在冷藏的基础上，人为控制或改变储藏环境中气体成分的一种储藏方式，目前我国应用较多的是自发气调储藏，即利用产品的自身呼吸作用消耗，累积二氧化碳，从而达到气调效果。蒜薹的硅窗袋储藏就是常用的气调储藏，硅窗袋表面嵌了一定面积的硅橡胶塑料，由于硅橡胶塑料对于氧气和二氧化碳有一定的透过比，能满足蒜薹对于气体条件的要求，储藏过程中不需要开袋通风换气，节省了大量的劳力。

4. 储藏期的主要病害及防治方法

（1）蒜薹变褐色 由于储藏期间环境的高温和高二氧化碳作用使薹梢由黄绿色变为深绿色，脱水皱缩成薄片状，失去脆性，易受微生物侵害。其防治方法为：适时采收，及时预冷；防止储运过程中捂包伤热；保持适宜的低温和合理的气体成分。

（2）薹苞膨大 由于高温、高氧加快生理代谢，使薹梗营养物质和水分向薹苞转移。气生鳞茎生长肥大，苞片加厚，鲜绿色变为黄白色，组织纤维增多，严重时苞片破裂，气生鳞茎散开，失去食用价值。防治方法为：适时采收，及时预冷入库；保持库内适宜的低温、低氧条件。

（3）薹苞霉烂 由于真菌侵染使薹苞组织局部坏死，并有白色棉絮团，苞片腐烂，易从茎盘处脱离薹梗。其防治方法为：严格挑选，防止腐烂蒜薹入库；储藏时保持适宜的低温，采用多菌灵、甲基托布津、代森锰锌等杀菌药剂处理。

（4）薹梗糠心 由于库温波动较快，薹梗水分蒸发加快，造成绿色糠心；另一原因是由于高温、高氧，薹梗呼吸加强，物质水分转移过快，加速叶绿素的分解，造成黄化糠心。糠心后薹梗失去光泽，有不同程度褪绿或黄化现象，梗心组织明显脱水，手指按压薹梗，易纵向裂开，折而不断。防治方法：在挑选过程中避免风吹日晒；采收后及时入库，尽量缩短采收挑选时间；入库时剪掉老化部分；储藏期间保持恒定库温；维持适宜的低氧条件。

（5）薹梗冻害 薹梗受冻后，整条变成深绿色，硬度增加，受害部位呈半透明水渍状，严重者表皮附有小冻花，解冻后表皮组织软烂，严重时整条软烂。防治方法：保持合理低温，加强库内通风，避免低温死角。

（6）基部长霉 蒜薹基部有明显的各种变异症状，受真菌侵染，其周围有白色絮状物，有时附有青绿色小绒球状物，严重时整条腐烂。防治方法：加强储藏库管理，保持低而恒定的库温；严格挑选，防止病薹入库；注意杀菌消毒。

第二节　大蒜传统产品加工技术

一　蒜头加工产品

1. 白糖蒜

白糖蒜味甜而稍辣，有桂花香气，质地脆嫩，色泽白亮。做白

糖蒜的蒜,要求蒜瓣无损伤,无虫斑、黄斑。

【配方】 鲜大蒜10kg,白糖5kg,食盐200g,桂花240g,水3kg。大蒜要求无虫蚀、无病变等变质现象,以瓣大、皮白为佳。

【制作过程】 将选好的原料蒜剪去须根,适当剥去老皮(通常去掉两层老皮),在清水中浸泡5~6天,每天换水1次,以去辛辣味,然后捞起摊晾至表层水分散尽,装入坛内(坛事先用沸水杀菌)。把精盐和水一并放入锅内煮沸杀菌,然后冷却过滤,滤液加入白糖、桂花充分拌匀。

将晾干的蒜与配料一同放入坛内,封口。每天滚坛2次,每周开坛放风1次,50天后即为成品。

2. 红糖蒜

【配方】 鲜大蒜5kg,红糖1.5kg,酱油1kg,食盐500g。大蒜要求同"白糖蒜",不同的是以红皮蒜为主料最佳。

【制作过程】 大蒜剥去两层老皮,剪去须根,放入清水中浸泡漂洗2~4天,散去辣味,捞出沥干后放入坛中(坛预先用沸水洗净杀菌)。将红糖、酱油、精制食盐放入锅内煮沸,待凉后倒入坛中,将大蒜淹没约两指深(如果汤料不够,可加入适量的花椒水),每天滚坛1~2次,连续1周,40天后即可出成品。

【质量标准】 外观呈棕红色,蒜瓣充实,丰满。质地脆嫩,蒜香柔和,无显著辣味。

3. 糖醋蒜

糖醋蒜是一种深受人们喜爱的小菜,制作方法简单,营养丰富,通常选用紫皮大蒜为主料最佳。

【配方】 鲜大蒜5kg,红(白)糖1.5kg,食醋3.5kg。原料选择同白糖蒜。

【制作过程】 大蒜剥去两层老皮后,在清水中浸泡漂洗8h,以去辛辣味。浸泡漂洗后的大蒜捞出沥干,然后放入沸水中漂烫1min,取出冷却,晾干后入坛。将糖、食醋调和均匀,煮沸。晾冷后倒入坛内,前7天每天翻动1次,40天左右即可出成品。

【质量标准】 色泽外观呈浅红褐色,有光泽感。质地脆嫩,其味酸甜细腻,无显著的辛辣味。

4. 腊八蒜

腊八蒜是我国人民传统的佐餐食品之一,通常在冬季农历十二月(腊月)初八制作,故此得名。原料采用优质干蒜,并调以蔗糖和食醋加工制成。

【配方】 干大蒜5kg,白糖0.5kg,食醋2.5kg。

【制作过程】 干蒜原料要求瓣大、完整,无虫斑、无病变,剔出空心蒜瓣,发芽蒜瓣。将大蒜分瓣、去皮,充分漂洗,沥干或甩干,入罐。将白糖放入醋内拌匀,使溶解,然后倒入罐内(罐事先用沸水杀菌),在10~15℃的室内保存,15天左右即可出成品。

【质量标准】 质量较好的腊八蒜外观呈浅绿色,蒜瓣完整、丰满。质地脆嫩,酸甜可口,无显著的辛辣味。

5. 腌大蒜

【配方】 鲜大蒜25kg,食盐5kg,水6kg(其中加入0.125kg橘子皮,味道更佳)。

【制作过程】 原料蒜一般选用刚上市的新鲜紫皮蒜为佳。去皮后,在清水中充分漂洗,并放入清水中浸泡24h,捞出沥干。然后一层大蒜一层盐进行装坛(缸)。把事先准备好的凉水倒入缸内,以浸过大蒜为宜。第一周每天翻动1~2次,待盐全部溶化后,即封缸放置,30天左右即出成品。

【质量标准】 腌好的大蒜外观呈白色或乳白色,晶莹透亮,蒜瓣充实、丰满,质地脆嫩,咸甜适口,味道鲜美,无显著的辛辣味。

6. 泡蒜

蒜头采收后,削去须根,剥外皮晾干。在50kg水中加盐4kg,煮沸冷却,另外加花椒50g、红辣椒1kg、姜1.5kg、酒1.5kg制成卤汁。然后将整蒜头装缸或泡坛内,倒入卤汁,用冷开水扣碗加盖封口,常温下发酵10天即成。

7. 蒜辣酱

蒜辣酱是利用大蒜和辣椒的天然杀菌素,抑制微生物活动,延长产品保质期,不加防腐剂,无须高温灭菌,是天然的调味食品。

【制作过程】

(1)原料 选择蒜瓣肥大无病虫伤、无霉变、无发芽、洁白肥

嫩的蒜头。辣椒个大、鲜红、无腐烂无病虫伤的尖椒。

（2）制作 将大蒜掰成瓣去除根皮、茎秆，辣椒去把，然后用清水冲洗干净，并晾干水分。将蒜瓣和辣椒分别放入粉碎机中粉碎。按大蒜75kg、辣椒100kg、豆豉15kg、食盐15kg、白酒12kg、酱油12kg、味精200g。将磨好的大蒜、辣椒与豆豉混合均匀后加入食盐、白糖、味精、酱油，搅拌均匀即可。

罐装可用四旋玻璃瓶，将瓶洗净用100℃的蒸汽消毒10min，立即装入调好的蒜辣酱，加盖拧紧，一个月后即可食用。

8. 五香糖醋蒜

蒜头50kg、食盐2kg、红（白）糖10kg、酱油0.5kg、五香粉少许。蒜头处理如上。将大蒜洗净晾干，放一层蒜撒一层盐，腌制24h，重新入缸，糖、醋、酱油、五香粉加凉开水配制卤汁，再次腌制。油纸或薄膜封口扎严。每天转缸2次，隔天开缸散气4～5h，15天后改为3天散气1次，1个月即成。

9. 蒜泥

（1）剥皮清洗 将选好的大蒜，掰开剥成蒜米，如果是干大蒜可先用2%的盐水浸泡1h，使外皮变软后再剥，剥后用清水冲洗干净。

（2）灭菌脱臭 大蒜中的蒜氨酸本无臭味，但当蒜瓣粉碎时，细胞中的酶会活化分解，产生大蒜素，大蒜素不稳定，容易被分解产生多种烯丙基硫化物，有强烈的蒜臭味。简单的灭菌杀酶方法可用10%盐水加热至85～90℃，倒入去皮后的蒜瓣，漂烫1min，则粉碎时就没有臭味。

（3）打浆 将脱臭后的蒜瓣倒入粉碎机中，并加入10%的盐水和0.08%的柠檬酸，粉碎成蒜泥，颗粒不要太细。

（4）调味 蒜泥中的调料按100kg蒜泥加生姜2～3kg、花椒粉100g、茴香粉100g、味精200g、盐12～14kg、白糖1.2kg、山梨酸钾50g、小磨香油500g。然后将蒜泥与调料混合后放进胶体磨中磨碎。

（5）装瓶 将四旋玻璃瓶洗净用100℃的蒸汽消毒10min，立即装入蒜泥，拧紧瓶盖。如果用真空封罐效果更好。

制成的蒜泥为乳白色、半流体状、有蒜的香辣味、无异味，保质期一年。

二、蒜薹加工产品

1. 糖醋蒜薹

将蒜薹摘掉缨帽,清水淘洗,切成3cm长的小段。入缸加水加盐,每天倒缸2次,4~5天后捞出,放在席片上轻揉;然后入缸加卤汁腌制。卤汁的原料为糖、醋、水,将其混合煮沸,冷却入缸。10天倒缸1次,30天即成。

2. 辣蒜薹

原料蒜薹要求粗细均匀,质地脆嫩,色泽鲜绿,无病斑,无虫伤,无霉变。

【配方】 蒜薹5kg,食盐0.75kg,辣椒面0.5~1.0kg,酱油2kg,五香粉0.15kg。

【制作过程】

（1）**清洗切断** 切除蒜薹总苞后用清水冲洗干净,然后切成2~3cm长的小段。

（2）**烫漂** 将蒜薹段投入85~90℃热水中烫16s,热水中加0.5%的食盐,以防蒜薹变色。捞出后摊在阳光下,晾晒至蒜薹略显萎蔫。

（3）**初渍** 将晾晒后的蒜薹段装入缸中,摆一层蒜薹撒一层盐。约半个月后将蒜薹取出,摊开晾晒至半干。

（4）**复渍** 将初渍后晒干的蒜薹与辣椒面、五香粉和酱油混合均匀,装入干净的缸中,压实。复渍后约半个月便可食用。

【质量标准】 制成品色绿,质脆,味香辣,为佐餐佳品。

第三节 大蒜深加工产品及其工艺简介

大蒜营养价值虽高,但大蒜及其制品在食用后口腔中会产生一种难闻的臭味,让人难以接受。有的深加工产品往往因为蒜臭味而贬值,如大蒜精油和大蒜素。因此,作为大蒜的深加工产品,在保持其辛辣味的同时去除蒜臭味,是很重要的。

大蒜除臭的方法主要有以下几种:用柠檬酸和硫代硫酸钠按照一定的配比,在一定的温度下进行浸泡;用植酸和硅溶胶或植酸与

β-环糊精、抗坏血酸钠溶于水，按照一定的比例浸泡一定的时间；茶煮法除蒜臭。

现在，市场上以大蒜直接加工而成的产品主要有蒜米、大蒜片、大蒜粉、大蒜油、大蒜素、黑大蒜等。

1. 大蒜粉

大蒜粉是销量和用量最大的深加工产品，其用途较广泛，生产厂家也较多，附加值相对其他产品来说较低。大蒜粉是粉状固体，有一定的吸湿度，呈暗色。

【生产方法】 大蒜蒸熟后直接粉碎、干燥即可，风味比较好，主要用于食品添加剂；提取蒜油后的蒜渣经干燥而生产的，风味稍差，主要用于饲料等领域。

【工艺流程】 ①浸泡→去皮→脱臭→水洗→蒸煮→粉碎→干燥。②提取蒜油后的蒜渣→离心分离→干燥。

2. 大蒜油

大蒜油是深加工产品中附加值较高的产品之一。大蒜特有的香气和香味，也是加工其他高附加值产品的重要原料。市场上的大蒜油主要是大蒜经蒸煮后蒸馏后的产物。因高温过程中，大蒜中有效成分受到破坏，大蒜素几乎完全损失；在加工成其他产品时受到限制，但二氧化碳超临界萃取技术的出现，使在大蒜油中提取大蒜素成为可能，其产率高，风味也更接近新鲜的大蒜。

【特点】 油状液体，浓郁大蒜风味、辛辣味。经提纯后的蒜油，在一定温度和湿度下，能够储存比较长的时间而不会变质。

【工艺流程】 ①蒸馏工艺：去皮→水洗→蒸熟→粉碎→蒸馏→提纯→包装。②超临界萃取工艺：去皮→水洗→冷冻→粉碎→萃取→包装。

3. 大蒜素

又叫大蒜新素，是从蒜头中提取的一种有机硫化合物，也存在于洋葱和其他葱属植物中。化学名为二烯丙基三硫化合物，是近年发展起来的一种多功能绿色饲料添加剂。

以其功能多样、效果显著、无残留、无污染、安全性高、低成本等优点而在绿色畜牧业生产中备受青睐。天然大蒜素被越来越多地用于治疗人类的各种疾病和保健，具有较好的市场前景。

大蒜素是黄色液体，具有强烈刺激味和蒜所特有的辛辣味。不耐热，遇碱不稳定但遇酸较稳定，难溶于水，可与乙醇、乙醚和苯等混合。

4. 黑大蒜

黑大蒜是用新鲜的生蒜为原料，不加任何添加成分，经过特殊的发酵工艺和技术生产的大蒜制品，是一种新型的健康食品。

经过发酵的黑蒜（彩图30），除去了令人讨厌的气味和刺激性，由辛辣生脆变为酸甜绵软。黑蒜水分降低，生物多酚提高7~10倍，蛋白质及游离的氨基酸显著提高，可溶性单糖提高60倍，大蒜的主要功能成分蒜氨酸保持不变。发酵的黑蒜具有强力杀菌、预防癌症、延缓衰老、降低血糖、降血脂、保肝、预防心脑疾病等功效。

第十章
大蒜高效栽培实例

实例1　山东金乡大蒜高效栽培实例

山东是我国重要的大蒜产区，金乡是世界闻名的"大蒜之乡"，大蒜种植面积常年稳定在35000公顷以上，素有"世界大蒜看中国，中国大蒜看金乡"的美誉。金乡大蒜以生产蒜头为主。近年来，山东省金乡县的大蒜年均栽培面积70多万亩，年均产量达80多万吨，出口量占全国的70%以上，远销日本、美国等38个国家和地区。

一　精细整地，配方施肥

1. 整地

在符合无公害蔬菜生产条件的基地选择肥沃、疏松的壤土地块，选用玉米、西瓜、棉花等前茬，避免与葱、蒜类植物连作。整地时田间土壤宜干不宜湿，采取机耕、机耙、机打畦。畦面宽度一般为1.8m（与薄膜宽度相配套）。

2. 配方施肥

根据试验研究和生产实践证明，每亩底施1kg纯氮肥平均增产大蒜39.1kg，1kg纯磷肥可增产大蒜35.5kg，1kg纯钾肥可增产大蒜23.6kg。在金乡县现实地力水平，速效氮70mg/kg，速效磷25mg/kg，速效钾90~110mg/kg条件下，每亩应结合施有机肥3500~4000kg，底施纯氮肥22.5kg，磷肥9.6kg，钾肥11.2kg，并配合施用1kg锌肥，0.2kg硼肥等微量元素肥料。

二 精选良种,适时播种

1. 种子选择及处理

选择蒜头硬实、个头肥大、无伤口、无病斑的蒜头作种。人工进行扒皮和分瓣,去除大蒜的托盘和茎盘后,按大、中、小3类分开,并用多菌灵500倍液拌种。

2. 播种

山东金乡地区大蒜播种一般以10月中旬为宜,最迟要在霜降前完成播种。一般株、行距为(10~15)cm×(15~18)cm。播种方法:用耕耙或锄头开一浅沟,将种瓣插入土中,种瓣朝向与畦面平行,播后覆土,厚度2cm左右,轻度踏实。在播种完成后应及时浇水。为防除牛繁缕、看麦娘等一年生禾本科杂草和阔叶杂草,浇水后地面略显干燥时,每亩用33%二甲戊乐灵100~150mL,兑水15~20kg,均匀喷雾。为增强土壤保水、保肥能力,提高养分利用率,保持土壤疏松,防止浇水过多引发的土壤板结,有效地改善土壤环境条件,喷施除草剂以后应马上覆盖地膜。

三 播后管理

1. 发芽期管理

大蒜播种后7~10天即可出土。在蒜芽快要出土时,清晨用新扫把轻拍地膜,使蒜芽顶破地膜;少数未能顶出地膜的,应用小铁钩及时破膜引苗,以使蒜苗顺利顶出地膜。

2. 幼苗期管理

秋播大蒜苗期较长,管理的主要工作是使幼苗生长健壮,防止徒长和提早退母,保护幼苗安全越冬。第二年春幼苗返青后,可于清明前后,视植株长势及天气和土壤情况浇水、追肥1次,每亩追施尿素20kg,并用辛硫磷等结合浇水灌根防治蒜蛆。

3. 鳞芽、花芽分化和蒜薹生长期管理

幼苗期后,植株迅速生长,花芽和鳞芽开始分化,植株进入旺盛生长期,对水肥的需要明显增多。当蒜薹形成以后,需要追施钾肥。蒜薹采收前3~4天停止浇水,以免蒜薹折断。

4. 鳞茎膨大期管理

蒜薹采收后,植株中的营养逐渐向鳞茎中转运,鳞茎进入膨大

期后，需水量增加。在蒜薹全部收完后，需增加灌水次数，保持土壤湿润；大蒜采收前5~7天停止浇水，以防土壤湿度过大，引起蒜皮腐烂，鳞茎松散，不耐储存。

5. 病虫害防治

大蒜覆膜栽培的，膜下温度高，利于多种病原物和病虫越冬，加重了病虫害的发生。大蒜常发生的虫害有蒜蛆，病害有大蒜叶枯病、紫斑病、灰霉病、锈病和病毒病。

蒜蛆防治方法为土壤处理，用20%辛硫磷乳剂每亩750~1000mL冲施防治效果最好。

灰霉病发生较重的地块，于春季发病初期，一般在3月底或4月底，用50%速克灵可湿性粉剂1500倍液或40%多菌灵600倍液或70%甲基托布津800倍液，喷雾防治，隔1周喷1次，连喷2~3次。

大蒜生长中后期是叶枯病、紫斑病、病毒病发生期。一般在4月中旬末或下旬初，以叶枯病为主的地块可用75%百菌清可湿性粉剂600倍液、50%扑海因可湿性粉剂1500倍液或40%多菌灵600倍液喷雾防治；以紫斑病为主的地块可用64%杀毒矾可湿性粉剂500倍液，或70%代森锰锌可湿性粉剂500倍液喷雾防治。此期若蚜虫较重，必须同时防治蚜虫，减少蚜虫传毒概率，防止大蒜病毒的重复感染，减轻病毒病的危害程度。

四 适期收获

5月10日左右为金乡大蒜蒜薹适宜收获期。收蒜薹后15~20天（多数是18天）即可收蒜头。适期收蒜头的标志是：叶片大都干枯，上部叶片退色成灰绿色，叶尖干枯下垂，假茎处于柔软状态，蒜头基本长成。收储过早，蒜头嫩而水分多，组织不充实，不饱满，储藏后易干瘪；收储过晚，蒜头容易散头，拔蒜时蒜瓣易散落，失去商品价值。收蒜头时，金乡地区一般用铲挖。起蒜后蒜头少带土，只晒秧，不晒头，防止蒜头灼伤或变绿，待茎叶干燥后剪下蒜头装入网袋中，摆到通风处即可储藏。

实例2　山东苍山大蒜高效栽培实例

苍山大蒜具有1900多年的栽培历史，以其头大、瓣少瓣匀，皮薄洁白、黏辣郁香、营养丰富、药用价值高等特点享誉国内外；其副产品蒜薹也以其特有的香、脆、甜、微辣、耐储等特点深受消费者青睐，是山东省名产蔬菜。苍山县也为此被国家列为优质大蒜生产基地县，1999年获昆明世界博览会银奖，被命名为"中国大蒜之乡"，被国家工商局核准注册"产地证明商标"，被国家质检总局核准使用"地理标志产品保护"标志。苍山大蒜面积常年稳定在2万公顷，年产蒜头24万吨、蒜薹21万吨，对全县农民增收有着举足轻重的作用。现将苍山大蒜的栽培技术介绍如下。

一 整地施肥

1. 精耕细作

前茬作物收获后，要抢茬耕翻，耕后纵横耙细、耙平，使耕层疏松，保好墒情，以利栽种。

2. 科学施肥

大蒜需肥较多，掌握以有机肥料为主、化肥为辅，基肥为主、追肥为辅的施肥原则。耕翻土地前每亩施腐熟有机肥4~5m³，整平耙细（土块直径应小于3cm）后作畦，把畦面整平后再施入速效化肥，施用量因地力而定，可通过测土配方施肥确定。肥力中等土壤可每亩施三元复合肥（15-15-15）70kg、生物有机肥40kg、尿素15kg、硫酸钾20kg，同时补施硼、锌、硫等中微量元素肥。

3. 土壤处理

用辛硫磷或阿维菌素防治蒜蛆等地下害虫，同时可施入敌克松、多菌灵、百菌清、地菌净进行土壤消毒，以防治土传病害。

二 合理播种

1. 异地换种

苍山大蒜主要有蒲棵、糙蒜、高脚子3个品种，采用异地换种栽培（不同的土壤或不同地区进行调种），可有效改良种性，增强抗性，增产效果显著。

2. 精选良种

品种选定后，播种前要严格精选蒜种。选择头大、瓣大、瓣齐的蒜头，凡霉烂、虫蛀、沤根的要清除，随后掰瓣分级。一般分为

大、中、小3级,先播一级种(百瓣重500g左右),再播二级种(百瓣重400g左右),原则上不播三级种。

3. 适时播种

苍山大蒜一般在10月5日~10月10日播种(具体的播种时间应视进入播种季节期间的气温而定)。此期平均气温17.6℃,5cm地温18.3℃。播后一般7天出苗,12天齐苗。冬前达到5叶1心,根系发达,抗寒害和冻害能力增强,且第二年春天蒜苗返青快,生长势强,为大蒜的丰产打下基础。

4. 合理密植

苍山大蒜属头、薹兼用型品种,蒜头大,形状圆整,因此密度应适宜,一般行距20~22cm、株距9~10cm,每亩(包括畦背在内)株数应保持在28000~35000株。切勿播种过密或过稀,以免影响产量和商品品质。

5. 科学播种

播种时要求开沟深度8cm左右,播种深度5~6cm,上边盖土3~4cm,栽得深浅、行距、株距要均匀,同时要定向播种,即播种时蒜瓣的弓背面与腹面连线应同行向一致,以确保大蒜叶片在田间分布均匀,避免相互遮光,有利于增产和田间管理。

6. 化学除草,科学覆膜

播种后立即浇水,要浇透,避免大蒜扎根时往上撑,造成出苗不齐。水下渗后打一次除草剂,然后盖地膜。尽量拉平地膜,以贴紧地面,并用脚轻踩缝隙封口,防止大风吹开地膜。地膜与地表贴得越近越好,有利于出苗、保温保湿、增强植株的抗性。

三 田间管理

1. 苗期管理

播种后7天,幼芽开始出土。在芽未放出叶片前,用扫帚等轻轻拍打地膜,蒜芽即可透出地膜。地面平整、播种质量高、地膜盖得紧的,通过拍打,70%~90%的蒜芽可透过地膜。少量幼芽不能顶出地膜,可用小铁钩及时破膜引苗,否则将严重影响幼苗生长。

2. 冬前及越冬期管理

出苗后视土壤墒情和出苗整齐度可浇一次小水,以利苗全。若发现有蒜蛆危害，应及时用阿维菌素或50%辛硫磷500~800倍液灌根。并根据墒情，可于11月上中旬浇越冬水，切勿在结冰时浇灌。越冬期间应特别注意保护地膜完好，防止被风吹起，发现破损的应及时压好。

3. 返青期管理

在苍山蒜区，第二年2月中旬，气温上升，蒜苗返青生长，在返青前后喷1次植物抗寒剂，以防倒春寒对大蒜的伤害。春分后，大蒜处在烂母期，此期易发生蒜蛆危害，应注意加强防治。

4. 蒜薹生长期管理

若前期未追肥或缺肥者，可结合浇水每亩追钾肥15kg。此后各生育阶段，分次浇水保持田间的湿润状态，拔除杂草。3月下旬~4月初，开始喷药防治葱蝇和种蝇。4月下旬开始喷药防治大蒜叶枯病、灰霉病等，每隔10天左右喷1次，提薹前喷药2次以上较好。清明以后，待温度稳定后，除去地膜和杂草，并每亩追施磷酸二铵和钾肥20kg，然后浇1次透水。注意提薹前一周要停止浇水，以利于提薹。

5. 蒜头膨大期管理

提薹后，马上浇水1次，至收获前根据天气浇水1~2次，保持地面湿润状态，满足大蒜后期对水分的需要，并喷施1次防病药物，同时喷施叶面肥，巩固大蒜病害防治效果，确保大蒜丰收。

四 收获

1. 蒜薹收获

采收标准如下：一是蒜薹弯钩呈大秤钩形，苞上下应有4~5cm长呈水平状态（称甩薹）；二是蒜苞明显膨大，颜色由绿转黄，进而变白（称白苞）；三是蒜薹近叶鞘上有4~6cm长变成微黄色（称甩黄）。收获时一般应选在晴天中午及午后较为理想，提薹时应注意保护蒜叶，特别保护好旗叶，防止叶片被提起或折断，影响蒜头膨大生长。

2. 蒜头收获

当大蒜植株的基部叶片大都干枯，上部叶片由褪色到叶尖向叶身逐渐呈现干枯，植株处于柔软状态，如把蒜秸在基部用力向一边

压倒地面后,表现不脆,而且有韧性,则为成熟的标志(一般在提薹后18天以上成熟)。收获时应轻拔轻放,不磕不碰,以免蒜头受伤,降低商品价值及耐储性。

实例3 四川彭州大蒜高效栽培实例

彭州大蒜,是四川省彭州市特产的大蒜。大蒜是彭州蔬菜传统的骨干品种,历史悠久,史书记载有400余年,其色鲜质优,大蒜素、大蒜粉均高于同类产品。彭州大蒜不仅生产历史悠久,而且产地的地理气候条件特殊,产品品质优,质量好。其在中国国内和国外大蒜市场上享有盛誉,是大蒜产品中的上品。彭州市是中国大蒜主产区之一,除自留种外,其余全部外销。主要销往河南、安徽、浙江、湖南、湖北、江苏、江西、云南、广东、广西等地,并出口到越南、日本、泰国、韩国、新加坡等地。

一 整地与播种

1. 种子处理

播种前,用蒜瓣重量1%的50%甲基托布津粉剂或50%多菌灵可湿性粉剂均匀拌种,可杀灭大蒜的多种病菌。

2. 整地施基肥

栽培大蒜的土地宜疏松肥沃,排水良好,并避免与其他葱蒜类蔬菜连作。将土壤深翻30cm,施足基肥,每亩施腐熟有机肥等3500kg、菜籽饼35~40kg、过磷酸钙30kg,进行精耕细作,做成宽2~2.5m的畦面。

3. 适时播种

一般在9月中、下旬播种。大蒜播种的最适时期是使植株在越冬前长到5~6片叶,植株抗寒力最强,并为植株顺利通过春化打下良好基础。播种过晚,则苗子小,组织柔嫩,根系弱,积累养分较少,抗寒力较低。一般开沟播种,适宜深度为3~4cm。

4. 合理密植

早熟品种以每亩栽4.5万株左右为好,行距为14~17cm,株距为7~8cm,亩用种180~200kg。中晚熟品种,密度宜掌握在每亩栽

3.5 万株，行距 16~18cm、株距 10cm 左右，每亩用种 150kg 左右。

5. 稻草覆盖

在化学除草后覆盖稻草，每亩用干稻草 300~350kg，均匀覆盖畦面，以不见表土层为标准。

二 肥水管理

大蒜幼苗生长期虽有种瓣营养，但为促进幼苗生长，增大植株的营养面积，仍应适期追肥。由于大蒜根系吸收水肥的能力弱，耐肥，故可以经常追肥，以满足其生长发育的需要。大蒜肥水管理一般要进行 3~4 次。

1. 催苗肥

大蒜出齐苗后，追一次催苗肥，以提高大蒜的安全越冬性能。对幼苗前期生长较快的品种，可适当晚施。如果土壤肥沃，基肥充足，尤其是易发生外层型二次生长的品种，催苗肥应少施或不施。

2. 盛长肥

播种 60~80 天后，重施一次，每亩硫酸铵 10kg，硫酸钾 10kg。做到早熟品种早追，中晚熟品种晚追，以促进幼苗长势旺，茎叶粗壮，到烂母时少黄尖或不黄尖。

3. 孕薹肥

种蒜烂母后，花芽和鳞芽陆续分化进入花茎伸长期。此期旧根衰老，新根大量发生，同时茎叶和蒜薹也迅速伸长，蒜头也开始缓慢膨大，因而需要养分多，应重施速效钾、氮肥 10~15kg。于现尾前半月左右施入，以满足需要，促使蒜薹抽生快、旺盛生长。蒜头膨大肥：早熟和早中熟品种，由于蒜头膨大时气温还不高，蒜头膨大期相应较长，为促进蒜头肥大，须于蒜薹采收前追施速效氮钾肥。如氮钾复合肥亩施 5~10kg，若单施尿素，5kg 左右即可，不能追施过多，否则会引起已形成的蒜瓣幼芽返青，又重新长叶而消耗蒜瓣的养分。追肥应于蒜薹采收前进行，当蒜薹采收后即有丰富的养分促进蒜头膨大。若追肥于蒜薹采收后进行，则易导致贪青减产。若田土较肥，蒜叶肥大色深，则可不施膨大肥。中、晚熟品种由于抽薹晚，温度较高，收薹后一般 20~25 天即收蒜头，故也可免追膨大肥。

三 化学除草

从播种后出苗前及1~2叶期以后的生长期间,每亩用42%旱草灵乳油90~110mL,兑水40~43kg均匀喷雾;或在播种后、出苗前及2叶期以后的生长期,每亩用25%噁草灵乳油110~120mL,兑水50~60kg均匀喷施。喷药应选晴天进行,高温干旱时应在傍晚喷,以免阳光曝晒使除草剂挥发损失。

四 适时采收

1. 采收蒜薹

一般蒜薹抽出叶鞘、并开始弯曲时,是开始收蒜薹的适宜时期。

2. 采收蒜头

当大蒜叶片大部分干枯,上部叶片褪色成灰绿色,叶尖干枯下垂,假茎处于柔软状态,蒜头基本长成时,是采收蒜头的最佳时间。其中薹瓣兼用蒜在蒜薹采收后18天左右即可收蒜头。收后要把大蒜架在通风避雨的地方干燥,再剪去假茎,切去须根销售或储藏留种。

附录 常见计量单位名称与符号对照表

量的名称	单位名称	单位符号
长度	千米	km
	米	m
	厘米	cm
	毫米	mm
面积	公顷	ha
	平方千米（平方公里）	km^2
	平方米	m^2
体积	立方米	m^3
	升	L
	毫升	mL
质量	吨	t
	千克（公斤）	kg
	克	g
	毫克	mg
物质的量	摩尔	mol
时间	小时	h
	分	min
	秒	s
温度	摄氏度	℃
平面角	度	(°)
能量，热量	兆焦	MJ
	千焦	kJ
	焦［耳］	J
功率	瓦［特］	W
	千瓦［特］	kW
电压	伏［特］	V
压力，压强	帕［斯卡］	Pa
电流	安［培］	A

参 考 文 献

[1] 陈功，王莉. 大蒜保鲜贮藏与深加工技术［M］. 北京：中国轻工业出版社，2003.

[2] 程智慧. 大蒜标准化生产技术［M］. 北京：金盾出版社，2009.

[3] 中国农业科学院蔬菜花卉研究所. 中国蔬菜品种志：上卷［M］. 北京：中国农业科学技术出版社，2001.

[4] 商鸿生，王凤葵. 葱蒜类蔬菜病虫害诊断与防治原色图谱［M］. 北京：金盾出版社，2002.

ISBN：978-7-111-47926-0 定价：25.00 元	ISBN：978-7-111-49513-0 定价：25.00 元
ISBN：978-7-111-47947-5 定价：29.80 元	ISBN：978-7-111-49603-8 定价：25.00 元
ISBN：978-7-111-49441-6 定价：25.00 元	ISBN：978-7-111-48498-1 定价：29.80 元
ISBN：978-7-111-46898-1 定价：25.00 元	ISBN：978-7-111-54231-5 定价：29.80 元
ISBN：978-7-111-50503-7 定价：29.80 元	ISBN：978-7-111-52723-7 定价：39.80 元